U0141239

博碩文化

博碩文化

碩文化

帶你掌握最前沿的 AI 技術，成為 AI 時代的領軍者！

# 全面掌握
# 生成式AI與LLM
# 開發實務

## NLP×PyTorch×GPT
## 輕鬆打造專屬的大型語言模型

黃朝隆 著

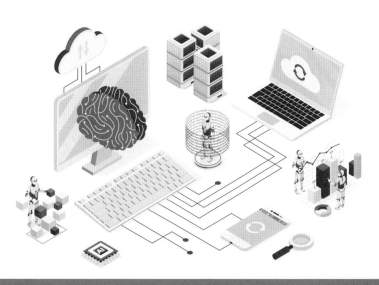

精通AI×NLP，快速脫穎而出

從理論到實踐，自然語言處理必修指南

| 深度學習必備 | 實戰案例解析 | 模型優化祕訣 | 全面培訓實戰 |
|---|---|---|---|
| 理解 AI 與 NLP 理論 | 豐富的程式碼實例 | 掌握最新 AI 技術 | 初學者或專業人士 |
| 從入門到精通 | 培養實戰能力 | 提升模型表現 | 可精進 AI 專案程式 |

2023
iThome鐵人賽
佳作

iThome
鐵人賽

全面掌握生成式 AI 與 LLM 開發實務

NLP × PyTorch × GPT

輕鬆打造專屬的
大型語言模型

作　　者：黃朝隆
責任編輯：曾婉玲

董 事 長：曾梓翔
總 編 輯：陳錦輝

出　　版：博碩文化股份有限公司
地　　址：221 新北市汐止區新台五路一段 112 號 10 樓 A 棟
　　　　　電話 (02) 2696-2869　傳真 (02) 2696-2867

郵撥帳號：17484299　戶名：博碩文化股份有限公司
博碩網站：http://www.drmaster.com.tw
讀者服務信箱：dr26962869@gmail.com
讀者服務專線：(02) 2696-2869 分機 238、519
（週一至週五 09:30 ～ 12:00；13:30 ～ 17:00）

版　　次：2024 年 10 月初版

建議零售價：新台幣 620 元
I S B N：978-626-333-968-2（平裝）
律師顧問：鳴權法律事務所 陳曉鳴 律師

*本書如有破損或裝訂錯誤，請寄回本公司更換*

國家圖書館出版品預行編目資料

全面掌握生成式 AI 與 LLM 開發實務：NLP x PyTorch
x GPT 輕鬆打造專屬的大型語言模型 / 黃朝隆著 .-- 初
版 .-- 新北市：博碩文化股份有限公司，2024.10
　面；　公分

ISBN 978-626-333-968-2( 平裝 )

1.CST: 自然語言處理 2.CST: 人工智慧 3.CST: 機器學
習

312.835　　　　　　　　　　　　　　113013716

Printed in Taiwan

博 碩 粉 絲 團　歡迎團體訂購，另有優惠，請洽服務專線
(02) 2696-2869 分機 238、519

# 推薦序一

對許多人而言，AI 技術既熟悉又遙遠，其快速發展加劇了資訊焦慮。在這個背景下，我推薦這本關於生成式 AI 與大型語言模型（LLM）開發實務的書籍，因為它提供了一個極具深度和廣度的學習資源，無論是剛接觸人工智慧領域的初學者，還是希望深入理解生成式 AI 的專業人士，都能從中獲得啟發與實踐經驗。本書的特點在於其層層遞進的結構設計，將複雜的理論與實務操作相結合，讓讀者能夠逐步建立起紮實的人工智慧知識體系。

在人工智慧技術不斷突破的今天，生成式 AI 和大型語言模型正迅速成為業界與學術界的核心焦點。這項技術不僅推動了語言處理技術的進步，還深刻影響了自然語言理解、文字生成等眾多應用領域。而本書正是為那些希望在這些尖端領域中立足的人提供了一個全面的學習平台。

在這本書中，以 NLP 基礎知識作為切入點，逐步引領讀者進入大型語言模型的世界。透過深入淺出的理論解釋和詳細的程式碼實例，讀者能夠掌握生成式 AI 的核心技術，並將這些技術運用到實際問題解決中。不論是探索如何讓機器理解文字，還是深入學習模型的訓練與優化，本書都提供了清晰的學習路徑。

而且，在本書中還進一步引導讀者進入前沿的 LLM 開發實務領域，並提供了各種熱門的模型架構，如 Transformer、BERT、GPT 等，這些都是當今自然語言處理的關鍵技術。作者巧妙地將理論與實踐結合，幫助讀者在理解模型內部運作的同時，能夠靈活運用這些技術來開發自己的專案。

更重要的是，本書不僅僅停留在程式碼的層面，還深入討論了模型優化的思維方式與技術實踐。這對於那些希望參加 AI 競賽或將 AI 技術應用於實際工作中的讀者來說，無疑是極為寶貴的資源。本書中的每一個章節，都強調了理論與實踐的緊密

聯繫，並提供了具體的實戰經驗，這不僅有助於讀者掌握技術，還能幫助他們應對未來的實際挑戰。

　　如果你正在尋找一本全面而深入的人工智慧學習資源，這本書絕對值得一讀，它不僅能帶領你快速掌握生成式 AI 和大型語言模型的核心技術，還能幫助你在此基礎上不斷精進，進而成為這個領域的專家。無論你是初學者還是有經驗的開發者，本書都會為你的學習旅程提供強大支援。

國立高雄科技大學 電機工程系資通組教授

李俊宏 謹識

# 推薦序二

在學術生涯中,每一步都必須讓我更深入地理解人工智慧技術的技術與原理,而《全面掌握生成式 AI 與 LLM 開發實務》這本書對我來說,不僅是技術學習的指南,更是一個能將理論轉化為實際應用的寶庫。

這本書從一開始就打破了理論與實務之間的隔閡,它不同於傳統書籍單純重視數學推導或程式設計技巧的二分法,而是將兩者緊密結合。在閱讀本書的過程中,我發現自己能夠快速進入人工智慧的世界,並且逐步掌握如何應用生成式 AI 和大型語言模型進行實際專案的開發。這對於一個正在準備進入職場,並且需要實踐經驗的學習者來說,無疑是極具價值的。

書中的內容並不是單純地傳授如何使用特定工具,而是透過詳細的範例與步驟,讓讀者理解背後的邏輯,書中都提供了豐富的實作指導,幫助讀者不只實現模型的搭建,還能深入探討模型優化的細節,這對於那些正在學習如何調整超參數來提高模型效能的讀者來說,尤為重要。

另一個讓我印象深刻的點是這本書中的案例設計,它不僅教會讀者如何處理數據,還展示了如何在不同應用場景中靈活運用 AI 技術,這種針對不同情境的解決方案讓我理解到,真正的 AI 開發並不是一成不變的,而是需要根據實際情況做出相應的調整。這種實踐經驗的分享,對於那些希望在職場中應用所學技術的學生來說,無疑是非常寶貴的。

最值得推薦的是,這本書強調的學習過程並不是一次性的知識灌輸,而是為讀者提供了一個可以反覆實踐與深究的工具。書中所附的 GitHub 資源不僅節省了讀者在實作時的時間,也提供了一個可以持續改進的學習平台,讓讀者能夠隨時回顧

與練習。我個人在使用這些資源的過程中不斷進行實驗與調整，這不僅提升了我對 AI 模型的理解，也培養了我解決複雜問題的能力。

《全面掌握生成式 AI 與 LLM 開發實務》是一本適合任何階段的讀者閱讀的書籍，無論你是剛入門的學生，還是已經有一定經驗的開發者，都能在這裡找到進一步提升的機會。

成功大學 電機工程系碩士生

吳宇祈 謹識

# 序 言

## 理論？應用？兩者之間有關聯性？

當你在學習「人工智慧」這項技術時，你可能會發現這與學習其他程式設計有所不同，在其他程式設計中，你通常可以明確理解為何需要這樣處理，但是在學習人工智慧時，你肯定會遇到一堆陌生的專有名詞，而且如果你不理解這些名詞，就很難明白程式碼為何需要這樣處理。

會有這樣的問題是因為「人工智慧」這項技術的本質為應用數學，因此往往會接觸到線性代數、矩陣運算、機率等相關理論，但就算在學習的過程中，你能夠充分理解這些公式所代表的物理意義，當你開始撰寫程式時，你又會因為程式碼中的內容與公式上相差甚遠，使得無法很好地理解程式碼中的內容。

但是在學習人工智慧的過程中，這是一種非常正常的現象。我在教學人工智慧時，見過兩種類型的人，第一種人是數學怪獸，他能夠理解所有的公式，並且知道這些公式的原理，但是當他們開始撰寫程式碼時，因為沒有接觸過太多的程式，所以很難實現自己想要的功能，甚至不知道如何開始；而另一種則是專業程式設計師遇到問題時，可以快速尋找網路上的資訊來解決程式碼中的問題，但對於所寫程式的背後原理卻一無所知，這種狀況導致他們無法理解為什麼模型的訓練效果不佳，或是不知道如何讓模型適應新的資料特徵，**因此要學好人工智慧，不僅需要熟悉目前使用的深度學習框架，還必須理解這些模型背後的運算原理。**

學會程式撰寫，只能幫助你完成最基礎的系統，而要訓練出一個有用的模型，則需要能以理論方式思考解決方案，這是因為由於模型的複雜性，讓我們無法在訓練時，只依靠固定的 SOP 來解決問題，而是必須不斷透過經驗法則觀察目前情況，才能完美解決人工智慧程式上的挑戰。

　　在本書中，我將循序漸進地介紹自然語言處理技術的發展。首先，我會講解一些處理技巧的原理，並附上相關圖示與程式碼，幫助你加深理解這些內容。而你需要先掌握這些技術的基礎原理，然後深入了解程式碼中的每一行輸出的內容與資料維度，如此你將在理解這項技術的同時，還能學會程式設計的邏輯，一旦你掌握了這些能力，就能在遇到類似情況時復現這套邏輯，並應用到自己的程式碼中，同時在這過程中培養 DeBug 的能力。特別是當你遇到不熟悉的程式碼或理論時，更需要理解每一行的輸出條件，而你也能嘗試將本書中的方法改寫成自己熟悉的寫法，使其能夠讓程式碼變成自己的東西。

黃朝隆 謹識

# 關於本書

在本書中，你將學習自然語言處理的發展過程，並逐步掌握自然語言處理的模型架構，在這個過程中，你會慢慢學習到模型的一些優化概念，讓你在人工智慧競賽中取得更佳成績。

 **本書內容**

本書主要涵蓋六個領域：

## ❏ 讓模型看得懂文字

探討自然語言處理的基本技術，從基本的斷詞到詞嵌入技術的講解，讓讀者學習如何使模型能夠處理和理解人類語言。

## ❏ 前向傳播 & 反向傳播的完整證明

說明神經網路中的前向傳播和反向傳播過程，提供數學證明和具體案例，讓讀者將能夠深入理解這些演算法的基本原理。

## ❏ 模型建立 & 訓練模型

讀者將學習如何從零開始編寫人工智慧程式碼，書中包含一系列實踐範例和詳細步驟的指導，幫助讀者掌握從理論到實踐的轉化。

## ❑ 學會自然語言處理的熱門模型架構

介紹目前最流行的自然語言處理模型架構，如 Transformer、BERT、GPT 和 LLaMA，讓讀者能了解這些模型的內部結構、工作原理以及它們在不同 NLP 任務中的優勢，並學習如何應用這些模型來解決實際問題。

## ❑ 模型優化的方式與調整思維

探討如何有效優化模型，包括超參數調整、正規化技術和模型評估方法等，透過這些技術，讀者將學會提高模型效能，並能針對不同應用場景進行模型的調整與優化。

## ❑ 大型語言模型理論與微調方式

分析大型語言模型的基礎理論，並介紹微調技術，使這些模型能夠適應特定任務需求，讀者將學會如何利用預訓練模型，透過微調使其在特定應用場景中發揮最大效能，從而實現高效的語言處理和生成。

 ## 本書特色

## ❑ 理解人工智慧實際上的運作原理以及電腦是如何理解文字資料的

在大多數人眼中，人工智慧似乎是一個需要許多頂尖科學家才能夠駕馭的困難領域，然而當你在學習時，將會發現事實並非如此。實際上對於企業或學生來說，我們只需理解其基本概念，即可產生令人驚嘆的效果，至於模型效能的增強與改良，才需要更深入的知識。

在本書中，我會從基礎知識出發，一步一腳印地引導你理解人工智慧的原理，並建立出一些有趣的聊天機器人模型。當你掌握了基礎知識後，本書會進一步深化相

關概念，培養你成爲自然語言處理領域中的專家，讓你能擺脫所謂的「套模仔」的稱號。

## ❏ 完整介紹自然語言處理的「重要發展」與「最近進展」，讓你快速上手自然語言處理這一領域

在自然語言處理的發展中，新的技術往往需要對舊有的技術進行改良或結合，因此在學習最新資訊的過程中，我們往往會遇到過去技術中的專有名詞或作法，所以舊有的技術在創新上總是不可或缺的一環。在本書中，我將會帶你回顧自然語言處理中的經典技術，以讓你能夠理解現在技術的最新發展。

## ❏ 全面理解大型語言模型的奧妙與其相關評估指標

大型語言模型是近幾年來出現的新概念，其與過去方法的最主要區別在於模型的「參數量」。在本書中，我將解釋爲何過去的技術無法有效處理「深層的神經網路」，並闡述這些大型語言模型的能力如何被評估。

## ❏ 告訴你模型優化技巧，讓你能在競賽中獲取優良名次

現在有越來越多的人工智慧競賽，這些競賽的核心目標是單一任務上的模型優化與調整。在這些比賽中，往往會遇到一些難以判別的資料，因此對於資料集的理解和制定有效的模型優化策略，變得尤爲重要，在本書中，我將運用我的實戰經驗，分享在競賽中運用的策略，幫助你在激烈的比賽中脫穎而出。

## ❏ 讓你擁有工程師的「程式風格」與培育「自學思維」

想要成爲一名合格的工程師，需要具備特定的程式風格，這恰恰是工程師與學生之間的最大差異，如果未能養成這樣的觀念，未來在面試或工作中，可能會遇到許多的問題，因此本書將教導你如何撰寫合格的程式碼，並強調自學能力的重要性。

# 如何使用本書

　　根據我的經驗，書籍中的連結和程式碼通常很多，但是我發現輸入這些連結非常麻煩，連我自己也不太想浪費時間輸入，並且閱讀不連續的程式碼，對於學習效果也不好，因此在本書中我會將程式碼、連結、資料集整理在 GitHub 上，並且透過 README.md 檔案或程式碼中來補充一些額外資料。

## ❑ 教材下載方式

`01` 進入本書 GitHub 專案網址。

　　在本書中，每個章節都提供了 QR Code 及 URL，以便你能夠快速查閱該章節中的資料夾內容，並且還提供了完整的程式內容，讓你能夠將所有內容下載到電腦中，如此一來，你就能夠在不斷複習的過程中，快速從電腦中查詢所需內容，而不必依賴線上查詢。

　　本書 GitHub 專案網址： `URL` https://reurl.cc/6vpD86

`02` 進入程式資訊頁面。

　　當我們掃描 QR Code 後，我們可以到達本書中的 GitHub 儲存庫，此時我們只需點選右上方的「Code」按鈕，即可進行開啟檔案與下載的操作。

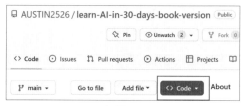

◆ 圖 0.1

**03** 下載程式碼。

　　當點選「Code」按鈕後，可以看到「Download ZIP」選項，此時我們點選後，即可下載本書所有的程式碼。

◆ 圖 0.2

 本書的程式碼只會擷取 GitHub 上的片段程式碼，若你有更深入了解這些程式碼用法的需求，建議你下載 GitHub 上的完整程式碼，以便查看練習題和更為困難的語法。

# 目　錄

## Chapter 08　暴力的美學 GPT 的強大能力

## Chapter 09　大型語言模型時代的起點

## Chapter 10  建立屬於自己的大型語言模型

# 1

# 模型該如何理解文字

在這個數位時代，人工智慧已經逐漸滲透到我們生活的各個角落，無論是語音助手、自動駕駛、還是智慧家居系統，無一不在改變著我們的生活，這一切的背後，都離不開一項關鍵技術—自然語言處理（NLP）。在這項技術中，我們最該學習的是「模型該如何理解文字」，因此本章中會說明這些文字是如何被斷詞，並用一個向量空間來表示的。

## 本章學習大綱

- **Tokenizer 介紹與實作**：Tokenizer（標記解析器）是一種工具，用於將文字分割成較小的單位，這些單位可以是詞彙、子詞、字母或標點符號，通常被稱為「Tokens」（標記）。Tokenizer 的作用是將連續的文字分解成這些標記，為後續的文字處理和分析步驟打下基礎。

- **文字轉換成向量的方式**：因為文字具有高複雜度，所以我們除了讓模型能夠理解文字資料外，還需要為模型建立一個良好的向量空間，這個向量空間可以說是模型的大腦，因此向量的建立方式會直接影響到模型最終的表現。在本章中，會介紹「詞嵌入」（Word Embedding）這項技術是如何運作以及如何建立的。

- **填補實作練習**：本章將介紹 BPE 斷詞方法，並且透過程式實作的方式建立一個 Tokenizer 類別，來加深你對該理論的印象。另外，在該 Tokenizer 中，還會告訴你如何處理這些文字資料。

## 本章程式碼教材

URL https://reurl.cc/yL5edl

# 1·1　Tokenizer 介紹

　　「建立 Tokenizer」是所有語言模型的第一步，其主要功能是將文字分割成更小的單位—「Token」（標記），並將文字轉換成數字，這種處理方式是因為電腦為由 0 和 1 所組成的世界，所有資訊在電腦中都必須轉換成數字才能夠被理解，但是在建立 Tokenizer 的過程中，我們需要了解如何對文字進行斷詞，這些斷詞技術將直接影響模型對語義的理解。在接下來的內容中，我將介紹兩種斷詞方法，以幫助你理解斷詞的基本原理。

## 空白斷詞

　　最常見的斷詞方式是使用空白斷詞法，這種方法透過空白或其他標點符號來分割文字，該方法不僅簡單直觀，而且**程式簡單、運算速度高效**，特別適合處理已經過一定格式整理的文字。

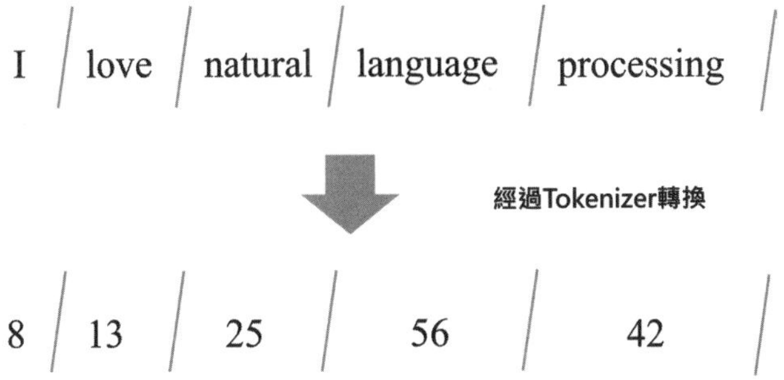

$$I \mid love \mid natural \mid language \mid processing \mid$$

**經過Tokenizer轉換**

$$8 \mid 13 \mid 25 \mid 56 \mid 42 \mid$$

◆ 圖 1.1

下面讓我們來看看如何進行這項操作。

```
# 模擬文字資料
english_sentence = [
```

```
    'I love natural language processing',
    'Hello Python',
    'I like Apple',
    'I am a human',
    'You are a robot',
]
```

所有的 Tokenizer 都是透過分析文字來建立的，而在空白斷詞法中，我們可以使用 split 方法將這些文字分割開來，並透過 extend 方法將其加到列表中，這時我們已經找出目前文字中可能出現的所有 Token，並建立了一個詞彙表。

```
vocab = [] # 分析文字後產生的詞彙表
for sentence in english_sentence:
    tokens = sentence.split(' ') # 空白斷詞產生 token
    vocab.extend(tokens)

vocab = sorted(set(vocab)) # 透過 set() 過濾重複單字，並用 sorted() 進行排序
print(vocab)
# ----------------- 輸出 -----------------
['Apple', 'Hello', 'I', 'Python', 'You', 'a', 'am', 'are', 'human',
'language', 'like', 'love', 'natural', 'processing', 'robot']
```

接下來，我們可以透過這個詞彙表建立一個關於空白斷詞法的 Tokenizer 類別。在一個 Tokenizer 中，通常會包含一些特殊的 Token，這些 Token 代表模型中的特定功能，例如：填補、起始、結尾、未知詞等，因此我們在 __init__ 方法中加入了 <UNK> 這個 Token，其目的是讓模型能夠辨識不在詞彙表中的詞，並推測其可能擁有的含義。

```
class Tokenizer:
    def __init__(self, vocab):
        vocab = ['<UNK>'] + vocab # 讓不存在詞彙表的 token 能夠轉換成 <UNK>
```

```
        self.tokens_to_ids = {token:idx for idx, token in enumerate
(vocab)}   # 初始化對應數字的對應表

    def __call__(self, sentence):
        words = sentence.split()
        unk_token_ids = self.tokens_to_ids['<UNK>']
        return [self.tokens_to_ids.get(word, unk_token_ids) for word in
words]
```

　　為了讓這個類別能夠像函數一樣被呼叫，我們可以透過 __call__ 方法來實現斷詞後的文字轉換，如此一來，我們能夠更簡單使用這個類別，下面我將展示其類別的使用方式。

```
tokenizer = Tokenizer(vocab) # 初始化類別
input_ids = tokenizer('processing & process') # 使用 tokenizer
print(input_ids)
# ----------------- 輸出 ------------------
[14, 0, 0]
```

　　我們發現到，雖然這種斷詞法能很好地處理簡單的任務，但它存在一個很大的問題。從程式結果中可以看到，儘管「processing」和「process」在意義上相近，但在這種斷詞方式下，它們被視爲不同的 Token，這導致 <UNK> 這樣的結果出現，因此我們應該減少 <UNK> 這一 Token 的出現機率，使得模型能夠獲得更全面的訊息。然而，**我們不能單純增加詞彙表的數量，因爲這樣會使模型面臨過量的輸入**，這不僅會增加模型運算的難度，還會讓訓練與推理時的速度變得更慢。

## ⬡ BPE 斷詞

　　爲了更細緻地分離單字中的訊息，我們可以將每個單字拆分成更小的單位，例如：將 unhappiness 拆分成「un」、「happi」和「ness」這三個子詞（subword），

這樣能更好地表達單字的含義，這裡我們需要提到一個非常受歡迎的斷詞演算法—「BPE」（Byte Pair Encoding）。

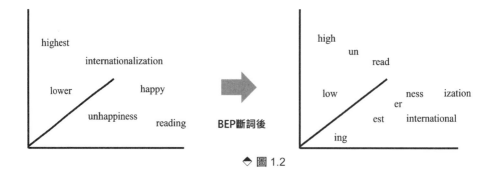

◆ 圖 1.2

BPE（Byte Pair Encoding）是 Philip Gage 在 1994 年提出的一種資料壓縮技術，主要用於壓縮文字資料，這種方式透過將單字分割為子詞，減少詞彙表中需要記錄的 Token 數量。即使是未見過的新詞，也可以透過組合已知的子詞來表示該單字的含義，因此這種方式解決了詞彙表過大和過多未登錄詞（OOV，Out-Of-Vocabulary）問題。其演算法主要透過以下三個步驟完成：

1. 初始化單字。

2. 計算字元對（Character Pair）頻率。

3. 合併頻率最高的字元對。

這些步驟會持續進行，直到達到預定的合併次數或無法再進行合併為止。我們可以透過下表的操作來理解其斷詞原理。

| 時間 | 動作 | 輸入 | 輸出 |
|---|---|---|---|
| T=0 | 初始化單字 | Banana | B a n a n a |
| T=1 | 計算字元對頻率 | B a n a n a | {Ba:1, an:2, na:1} |
| T=2 | 合併頻率最高的字元對 | {Ba:1, an:2, na:1} | B an an a |

| 時間 | 動作 | 輸入 | 輸出 |
|------|------|------|------|
| T=3 | 計算字元對頻率 | B an an a | {Ban:1, anan:1, ana:1} |
| T=4 | 合併頻率最高的字元對 | {Ban:1, anan:1, ana:1} | Ban an a |
| T=5 | 計算字元對頻率 | Ban an a | {Banan:1, ana:1} |
| T=6 | 合併頻率最高的字元對 | {Banan:1, ana:1} | Banan a |
| T=7 | 計算字元對頻率 | Banan a | {Banana:1} |
| T=8 | 合併頻率最高的字元對 | {Banana:1} | Banana |

 BPE 演算法在實際執行時，不會只考慮一個單字，而是透過大量文字資料進行分析，因此在「計算字元對頻率」及「合併頻率最高的字元對」這兩個動作時，會統計所有文字中的字元對頻率，並同時合併相應的文字。

　　這種方式讓BPE能應用於不同語言，特別是那些擁有豐富詞形變化的語言，使其在多語言處理上具有廣泛適用性。針對專有名詞這類訊息，BPE能靈活判別這些專有名詞的特性，例如：火山矽肺症（Pneumonoultramicroscopicsilicovolcanoconiosis）這個詞，其實是由「關於肺部的」（pneumono）、「超過」（ultra）、「極微小的」（microscopic）、「矽」（silico）、「火山」（volcano）和「塵埃引致的疾病」（coniosis）等六個詞彙組成，使用 BPE 進行斷詞時，能夠良好反映出這個單詞所包含的含義；而若是使用空白斷詞法則，則會完全忽略這六個單字的特性，反而將火山矽肺症視為一個新的單字。

# 1·2 文字向量化的方式

現在你明白了 Tokenizer 的功能，但在 NLP 模型中，我們還需要將 Tokenizer 轉換出來的數字變成更有意義的向量空間，這樣做是因為文字特徵過於複雜，單純的實數運算，難以讓模型理解其意義，因此我們需要學習如何將文字向量化，以便更有效進行計算，接下來我們來看看兩種文字向量化的方式。

## 獨熱編碼（One-Hot Encoding）

「獨熱編碼」（One-Hot Encoding）是用於將文字資料轉換為長度為 N 的二進制向量形式，其優點在於實現方式非常簡單，且這種方法不會引入文字之間的順序訊息，適合無序類別變量。在這個長度為 N 的二進制向量中，只有一個位置為 1，其餘位置皆為 0，這個位置 1 所對應的索引值，即是 Tokenizer 所轉換出的數字。透過這樣的轉換，我們便能將每一個 Token 轉換成向量空間中的一個座標點，讓模型更加理解其輸入資訊。

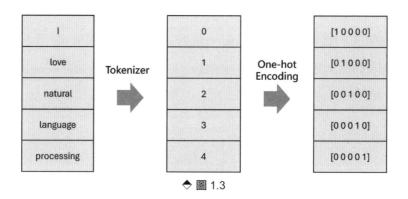

◆ 圖 1.3

這種方式可以有效將離散的文字資料轉換為模型可以處理的數字向量，雖然它無法表示詞之間的語義關係，但對於一些簡單的分類任務來說已經足夠。獨熱編碼會

產生高維度的向量，即使只有五個 Token，也會產生一個 5×5 的矩陣，對於大規模詞彙表而言，其運算量將變得非常龐大，且這些向量中的絕大部分元素都是 0，只有單一元素為 1，導致生成的向量非常稀疏，**使模型很難關注到這些元素所包含的資訊**。

另外一個重要問題是，在獨熱編碼的向量中，每個詞都被賦予一個獨一無二的向量，這導致獨熱編碼無法捕捉詞語之間的語義關係。以句子「It's so cold, I've caught a cold」為例，這句話中的兩個「cold」有不同的意思，前一個「cold」意指「寒冷」，而後一個「cold」則指「感冒」。

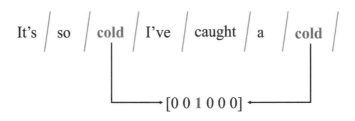

兩個Cold向量相同
無法分出差異

◆ 圖 1.4

我們可以從圖片中發現，兩個「cold」的 Token 與其獨熱編碼的向量皆產生了相同的結果，這說明該方法**無法處理一詞多義的狀況**。此外，我們也可以發現**每一個向量之間並沒有關聯性**，因此無法只依靠該向量判斷文字的相似性。

 ## 詞嵌入（Word Embedding）

為了解決獨熱編碼的限制，詞嵌入（Word Embedding）方法應運而生，這項技術能將 Token 轉換為多個特徵，考慮到更多元的文字特徵。此外，該方法透過神經網路的訓練來捕捉詞語之間的語義關係，將詞語轉換成稠密的向量，這些向量在高維空間中具有特定的方向和距離，能反映詞語之間的相似性和關聯性。

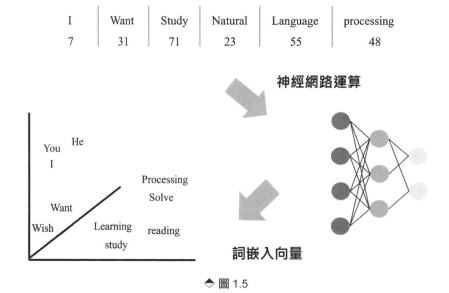

| I | Want | Study | Natural | Language | processing |
|---|------|-------|---------|----------|------------|
| 7 | 31 | 71 | 23 | 55 | 48 |

神經網路運算

詞嵌入向量

◆ 圖 1.5

　　該技術通常應用於 NLP 模型的第一層神經網路，其作法是將所有 Token 隨機初始化或均勻分布在向量空間中，形成一個大小為 (vocab_size, emb_dim) 的向量空間，接下來神經網路會調整這些向量在空間中的分布，使相似的詞語能夠靠攏在一起，從而捕捉詞語之間的語義和語法關係。相較於獨熱編碼，詞嵌入不僅能更有效表示詞語的語義，還能在更低維度的空間中進行計算，因此成為自然語言處理中不可或缺的技術之一。

---

**QUICK TIPS** vocab_size 是我們透過分析文字後取得的詞彙數量，而 emb_dim 則是我們指定的超參數，該數值越大，代表特徵數越多，但需要注意的是，並非一味地增加特徵數，就會讓模型效果變好，而是需要經過多次測試，找到模型能接受的最佳大小。

# 1·3 程式實作：建立 BPE Tokenizer

　　現在我們將實作一個由 BPE（Byte Pair Encoding）斷詞法所建立的 Tokenizer。
透過這個 BPE Tokenizer 的建立過程和執行結果，你將能更加理解 BPE 演算法的實
際運作原理。在後續章節中，我們還會使用這個 BPE 演算法來訓練自己的模型，
現在讓我們來看看建立的步驟。

**01** 初始化類別。

　　初始化 BPE 類別時，可以將每個輸入單字透過元組（Tuple）切割成字元，並作
為字典的鍵，由於元組是一種不可更改的資料類型，因此非常適合作為字典的鍵來
使用。

```python
from collections import Counter

class BPE:
    def __init__(self, vocab, pad_token='<PAD>', unk_token='<UNK>'):
        self.pad_token = pad_token # 填補字元的 Token
        self.unk_token = unk_token # 未知字元的 Token
        self.vocab = {tuple(word): freq for word, freq in vocab.items()} # 建
立詞彙表
        self.tokens = set([pad_token, unk_token]) # 用於儲存被 BEP 分割出來的
Token
        self.token_to_id = {pad_token: 0, unk_token: 1}  # 文字轉數字
        self.id_to_token = {0: pad_token, 1: unk_token}  # 數字轉文字
```

在以上程式中，可以發現出現了一個特殊的 <PAD>Token，這個 Token 的作用是用來**統一模型輸入資料的大小**，由於自然語言中句子的長度通常不同，因此該 Token 可以將較短的句子填補到一定的長度，以便進行矩陣運算。

 self.tokens 是使用集合來宣告的，這主要是因為 Tokenizer 需要快速尋找元素是否存在，而集合是利用雜湊表（Hash Table）來存儲元素，因此其尋找速度比列表等其他資料結構更快。

接下來，為了方便理解初始化狀態時的資料，我們可以透過以下程式碼來初始化 BPE 類別，並查看目前的詞彙表狀態：

```
# 初始化詞彙表（單字與其單字的出現次數）
vocab = {'low': 5, 'lower': 2, 'newest': 6, 'widest': 3}
bpe = BPE(vocab)
print('目前的 Token:', bpe.tokens)
print('目前的詞彙表：', bpe.vocab)
# ----------------- 輸出 -----------------
目前的 Token: {'<UNK>', '<PAD>'}
目前的詞彙表：{('l', 'o', 'w'): 5, ('l', 'o', 'w', 'e', 'r'): 2, ('n', 'e',
'w', 'e', 's', 't'): 6, ('w', 'i', 'd', 'e', 's', 't'): 3}
```

**02** 計算字元對頻率。

接下來，我們需要定義一個方法，用於計算字元對頻率。這裡使用了 Counter 來建立字典，這是因為 Counter 在處理不存在的鍵時，會自動將其值設為「0」，而 Python 的標準字典在遇到不存在的鍵時會拋出錯誤。使用 Counter，可以避免因缺少初始值而導致的錯誤。

```
def get_stats(self):
    pairs = Counter()
```

```
for word, freq in self.vocab.items():
    for i in range(len(word) - 1):
        pairs[word[i], word[i + 1]] += freq
return pairs
```

當方法建立完畢後，我們即可透過該方法找出字元對，同時也可以使用 max 函數來找出出現次數最多的字元對。

```
pairs = bpe.get_stats()
best = max(pairs, key=pairs.get)
print('字元對出現的頻率:', pairs)
print('出現次數最多的字元對', best)
# ----------------- 輸出 -----------------
字元對出現的頻率: Counter({('e', 's'): 9, ('s', 't'): 9, ('w', 'e'): 8, ('l',
'o'): 7, ('o', 'w'): 7, ('n', 'e'): 6, ('e', 'w'): 6, ('w', 'i'): 3, ('i',
'd'): 3, ('d', 'e'): 3, ('e', 'r'): 2})
出現次數最多的字元對: ('e', 's')
```

我們可以發現，雖然組合「es」和「st」出現的次數相同，但經過運算後，卻只有「es」算作結果，這是因為 max 函數一次只能找出一個最大值，而「es」的字母順序比「st」靠前，因此結果只會是「es」這個字元對。

**03** 合併頻率最高的字元對。

在 BPE 演算法中，當找到出現頻率最高的字元對後，我們會將這個字元對作為一個新的 Token，因此在進行合併之前，我們需要先更新 Token 列表，並同步更新相關資料。在合併的步驟中，我們需要使用 join 方法將元組資料轉換成含有空白的字串，然後使用 replace 方法，移除頻率最高的字元對之間的空白符號，最後將這些結果再次更新回詞彙表中。

```
def merge_vocab(self, pair):
    new_token = ''.join(pair) # 將頻率最高的字元對轉成字串

    # 更新相關資料
    if new_token not in self.tokens:
        self.tokens.add(new_token)
        new_id = len(self.token_to_id)
        self.token_to_id[new_token] = new_id
        self.id_to_token[new_id] = new_token

    # 合併並更新詞彙表
    query = ' '.join(pair)  # 替換的目標字元對（有空白）
    new_vocab = {}
    for word, freq in self.vocab.items():
        word_str = ' '.join(word) # 將原組資料轉換成字串（有空白）
        new_word_str = word_str.replace(query, new_token) # 用 repalce 移除
目標字元對的空白
        new_word = tuple(new_word_str.split()) # 透過空白切割字元，並轉換成元
組（以作為字典的鍵）
        new_vocab[new_word] = freq
    self.vocab = new_vocab
```

當我們執行該方法時，詞彙表中所有包含「es」的字元對都會被合併，同時「es」
也會被新增到我們的 Token 中，這是整個 BPE 過程中最耗時的一個部分，因為這
個過程包含了大量的尋找、合併和更新操作。

```
bpe.merge_vocab(best)
print('合併後的詞彙表:', bpe.vocab)
print('當前後的 tokens:', bpe.tokens)
# ------------------ 輸出 ------------------
合併後的詞彙表: {('l', 'o', 'w'): 5, ('l', 'o', 'w', 'e', 'r'): 2, ('n', 'e',
'w', 'es', 't'): 6, ('w', 'i', 'd', 'es', 't'): 3}
當前後的 tokens: {'es', '<PAD>', '<UNK>'}
```

04 透過迭代計算 Token。

最後我們將上述步驟組合起來，並定義一個方法來幫助我們持續產生新的
Token。這裡我們只需要一個 for 迴圈來完成計算與合併的動作，這個迴圈的次數
主要取決於你最終想產生的 Token 數量，但需要注意的是，**如果迭代次數設定不**
**足，可能會導致字元重組不完整；相反地，若迭代次數過多，則可能會使分割結果**
**過於集中。**

```
def bpe_iterate(self, num_merges):
    for _ in range(num_merges):
        pairs = self.get_stats()
        if pairs:
            best = max(pairs, key=pairs.get)
            self.merge_vocab(best)
    return self.tokens


num_merges = 9
tokens = bpe.bpe_iterate(num_merges)
print('最後的 Token:', bpe.tokens)
print('最後的詞彙表:', bpe.vocab)
# ----------------- 輸出 -----------------
最後的 Token: {'low', '<UNK>', 'ne', 'wid', '<PAD>', 'widest', 'es', 'est',
'newest', 'new', 'wi', 'lo'}
最後的詞彙表: {('low',): 5, ('low', 'e', 'r'): 2, ('newest',): 6, ('widest',)
: 3}
```

由上述程式的結果，我們可以發現英文中的「es」與「est」這兩個字尾已經被成
功分割出來了。

**05** 實現 Tokenizer。

　　經過上述步驟，我們已完成詞彙表的建立，現在我們將要實現 Tokenizer 的功能。在這個階段，為了節省迴圈的次數，我們可以從反向開始進行迴圈，這是因為文字的字尾通常較短，因此如果以正方向進行迭代，就必須完整經過字尾的長度；若為反向執行，則迭代的次數會變得更少。舉例來說，單字「widest」是我們斷詞後的 Token，若正向迭代需要經過六次，而反向則只需要一次即可，這樣的方式可以有效減少迴圈次數，提高處理效率。

```python
def __call__(self, text):
    words = text.split()
    tokenized = []
    for word in words:
        word = tuple(word)

        subwords = []
        while word:  # 當 word 還有剩餘的字元時繼續迭代
            for i in range(len(word), 0, -1):  # 從後面開始迭代，逐漸減少子詞
的長度
                subword = ''.join(word[:i])

                if subword in self.tokens or i == 1:
                    subwords.append(subword)  # 將子詞加入子詞列表中
                    word = word[i:]  # 將已處理過的子詞從原單詞中移除
                    break

        tokenized.extend(subwords)  # 將處理完的子詞加入最終的 tokenized 列表中

    # 將子詞轉換成對應的 ID，如果子詞不在 token_to_id 中，則使用 unk_token 的 ID
    return [self.token_to_id.get(token, self.token_to_id[self.unk_token])
for token in tokenized]


test_text = "lowest newest widest"
```

```
token_ids = bpe(test_text)
print(" 轉換後的 Token_ids:", token_ids)
# ----------------- 輸出 -----------------
轉換後的 Token_ids: [5, 3, 8, 11]
```

## 06 建立填補的方式。

　　為了更完善 Tokenizer 的功能，我們可以建立一個填補文字的機制，將 <PAD> 這個 Token 放入每一個長度不足的文字後方，使其能夠補足資料的長度。在這個填補功能中，我們通常會設定一個 max_len 參數，這是因為如果一次輸入太長的文字資料，反而會因為模型難以處理過多的資料，而導致輸出效果變差，因此我們可以設定一個參數，當輸入過多時，直接將這些訊息丟棄。

```
def pad_sequence(self, sequences, max_len=None, padding_value=0):
    if max_len is None:   # 設定最大長度
        max_len = max(len(seq) for seq in sequences)   # 若沒設定自動判斷

    padded_sequences = []
    for seq in sequences:
        # [原始文字] + [<PAD>] * 缺少的長度
        padded_seq = seq + [padding_value] * (max_len - len(seq))
        padded_sequences.append(padded_seq)

    return padded_sequences


test_texts = ["lowest newest widest", 'My new car is widest']
token_ids = [bpe.tokenize(test_text) for test_text in test_texts]
print('填補前的結果 :', token_ids)
print('填補後的結果 :', bpe.pad_sequence(token_ids))
# ----------------- 輸出 -----------------
填補前的結果 : [[5, 3, 8, 11], [1, 1, 7, 1, 1, 1, 1, 1, 11]]
填補後的結果 : [[5, 3, 8, 11, 0, 0, 0, 0, 0], [1, 1, 7, 1, 1, 1, 1, 1, 11]]
```

最後，我們可以看到我們輸入了兩個不同長度的文字，但最終透過填補 <PAD> 對應的數字 0，將它們變成相同長度的文字，至此我們已完成 Tokenizer 的主要功能。

 通常小型模型的最大輸入長度大約在 256 到 1024 個 Token 之間，而像 ChatGPT 這樣的大型語言模型，則可以設定在 4096 到 32768 個 Token、甚至更多，這樣的設定是為了在模型的處理效能和輸入文字的完整性之間取得平衡。

# 1·4 本章總結

本章提供了建立和理解 Tokenizer 的基本知識和實踐方法，並介紹「空白斷詞法」和「BPE 斷詞法」等兩種不同斷詞方法的優缺點。空白斷詞法雖然簡單高效，但無法處理意義相近的詞語；而 BPE 斷詞法透過將單字拆分成更小的子詞，減少了詞彙表的大小，並提升了模型的理解能力。

我們還探討了文字向量化的方式，包括「獨熱編碼」（One-Hot Encoding）和「詞嵌入」（Word Embedding），其中詞嵌入能更好地捕捉詞語間的語義關係。最後，我們透過程式實作詳細展示了如何建立一個 BPE Tokenizer，並實現填補機制，以統一模型輸入資料的大小。這些知識和技術在後續的自然語言處理任務中，將會不斷被重複使用。

# 2

# 用數學來告訴你
# 何謂神經網路

在本章中，我將用詞嵌入層與線性分類器來進行完整的數學證明，以解釋神經網路的運作過程。這個過程包含了線性與非線性之間的轉換，並討論該如何使用偏微分找到模型需要變更的超參數，理解這個過程，將有助於我們在後續的章節中明白不同模型中的架構。

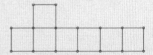

## 本章學習大綱

- **前向傳播與激勵函數**：用數學原理深入探討神經網路的前向傳播機制，結合詞嵌入層與線性分類器的操作，並理解使用激勵函數的必要性、特性及其用途。

- **損失值與反向傳播**：詳細解析損失函數的計算方法，逐步證明反向傳播演算法如何找出模型超參數的梯度，並說明如何透過梯度下降法調整神經網路權重，以最小化損失值。

- **手刻神經網路**：在本章的最後，我們將教你如何從零開始實現一個簡單的神經網路，你將學到如何將先前證明的數學公式實現在程式碼中，建立一個可以分辨情緒的語言模型，如此你將能夠理解模型實際上在做什麼，以及如何將數學公式轉換成程式碼。

## 本章程式碼教材

URL https://reurl.cc/dndxNk

## 2·1　自然語言模型是如何運行的

現在你應該對 BPE 斷詞和詞嵌入等自然語言處理的基本技術有了一定的了解，因此我將開始深入探討深度學習和監督式學習的核心概念。在本節中，我將以一個二元分類模型爲範例，展示模型中的具體數學公式，並演示這些公式如何實際應用於訓練過程中。

###  前向傳播（Forward Propagation）

「前向傳播」是深度學習中神經網路的基礎運算過程，指的是資料從神經網路的輸入層經過隱藏層，最終到達輸出層的過程。在這個過程中，資料會逐層傳遞，每一層都會進行相應的計算，更新資料的狀態。

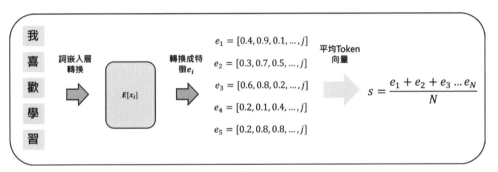

◆ 圖 2.1

在一個簡單的 NLP 神經網路模型中，通常只包含一個詞嵌入層和一個線性分類器。對於詞嵌入層 E，我們需要將每個 Token 轉換成大小爲 j 的 Token 特徵值 $e_i$，其數學表示方式如下：

$$e_i = E\,[x_i]$$

公式 2.1

由於我們後續接續了一個線性分類器，因此我們只能接收 (batch_size, emb_dim) 的輸入資料，但對於文字資料而言，其格式為 (batch_size, seq_len, emb_dim)，因此我們需要將每個句子的資訊進行融合，將 Token 特徵值 $e_i$ 轉換成句子向量 S。

$$S = \frac{1}{N}\sum_{i=1}^{N} e_i = \frac{1}{N}1^T e$$

公式 2.2

> QUICK TIPS 對於模型來説，通常會以批次（batch）作為輸入資料的單位，其原因在於電腦無法一次處理所有資料，因此 batch_size 這個超參數的大小會根據電腦效能進行設定，而 seq_len 則代表我們提供給模型時單個批次中的最大文字長度。

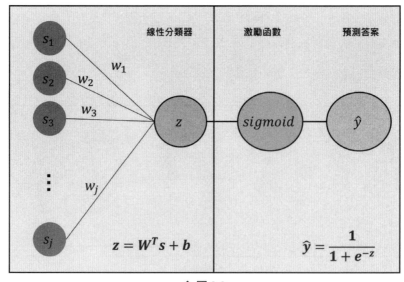

◆ 圖 2.2

這時我們就能透過線性分類器，將句子向量 S 與神經網路權重 W 進行運算。神經網路就是透過變更權重 W 來完成不同的線性輸出 z，其數學公式如下：

$$z = W^T S + b$$

公式 2.3

我們發現該公式中多出了一個偏移量 b，**該參數就像是人們在做決策前的傾向。**舉例來說，當你想去一間餐廳吃飯，但距離發薪水的日子還有一段時間，這時餐點的價格可能會成為你主要考慮的因素，因此加入這個偏移量 b，能夠為模型提供一定的靈活性，使神經元能更加適應輸入的資料。

 $W^TS + b$ 這一公式在深度學習模型中非常常見，因此在後續章節中如果看到相關公式，可以將它想像成某一輸入經過線性分類器運算，這樣在撰寫程式時，就會更容易理解相關內容。

在公式 2.3 中，我們可以知道當權重 W 不變動時，句子向量 S 越大，輸出值也會隨之增加，這種狀況會導致模型的損失值很難收斂。對於文字而言，通常結果是非線性的，但目前的公式都是線性的，因此我們需要一種方法來轉換這些關係，這個方法就叫做「激勵函數」（Activation function），該函數的主要目標是**控制非線性轉換，使得模型可以更好處理複雜的關係。**

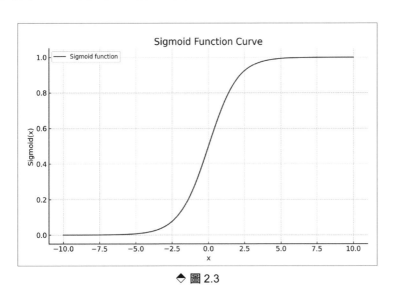

◆ 圖 2.3

在二元分類中，我們通常會選擇使用 sigmoid 函數作爲激勵函數來處理輸出。選擇這函數的第一個原因是，在二元分類任務中，我們希望透過資料的中間值來幫助辨別其類別，由於 sigmoid 函數的輸出限制在 0 到 1 的範圍內，因此我們能利用 0.5 來判定其類別。

第二個原因是 sigmoid 函數爲一種平滑的曲線函數，這意味著它在整個輸入範圍內都可以連續求導，這一特性對於後續的梯度下降等最佳化演算法的運作非常重要。透過這函數，我們不僅可以有效縮放資料，還能穩定輸出的數值，這使得模型更容易收斂，並提高分類的準確性。其公式如下所示：

$$\hat{y} = \sigma(z) = \frac{1}{1 + e^{-z}}$$

公式 2.4

到這裡，也就代表模型已經輸出了其預測結果 $\hat{y}$。這種從輸入到預測的過程是所有深度學習模型都會有的動作，唯一的差異在於中間的公式會因爲神經網路的堆疊方式而有所不同。

## 損失函數（Loss Function）

當模型完成前向傳播後，我們需要一種計算方法來評估預測輸出 $\hat{y}$ 與實際標籤 y 之間的誤差，從而便於更新模型權重 W。在二元分類任務中，常用的損失函數是「二元交叉熵損失」（Binary Cross-Entropy Loss），其公式如下所示：

$$L(y, \hat{y}) = -[y log(\hat{y}) + (1 - y) log(1 - \hat{y})$$

公式 2.5

該公式表示當眞實標籤 y = 1 時，損失值主要取決於 log($\hat{y}$)；當 y 接近 1 時，損失值降低，這表示預測值與眞實值越接近，模型的預測越準確。相反的，當眞實標籤 y = 0 時，損失值則取決於 log(1- $\hat{y}$)；在此情況下，當 $\hat{y}$ 接近 0 時，損失值也會降低，而模型的目標就是將損失值降至最低，**這種透過實際標籤進行調整的方式，稱爲「監督學習」（Supervised Learning）**。

#  反向傳播（Backpropagation）

在反向傳播中，我們的主要目的是**透過損失值來找到這些權重的變化方向**，因此我們需要計算模型中所有可變參數的梯度，並透過梯度來調整神經網路中需變動的參數，使得預測結果更加準確。

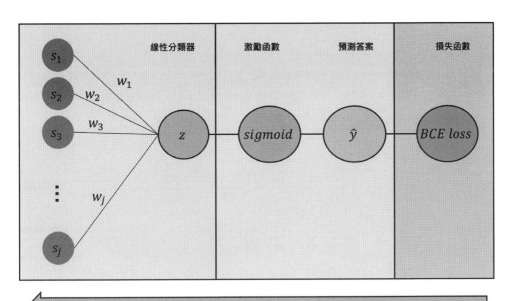

**反向傳播從損失值開始計算**

◆ 圖 2.4

在我們的模型中主要有兩層，分別是「線性分類器」與「詞嵌入層」。由於反向傳播是逆向運算，因此我們應該先計算線性分類器中的所有梯度，才能求得詞嵌入層的梯度 $\frac{\partial L}{\partial E}$。反向傳播的第一步就是先計算出線性分類器的權重 $\frac{\partial L}{\partial W}$ 和 $\frac{\partial L}{\partial b}$。

**01** 計算線性分類器中的所有梯度。

　　我們知道損失值 L 的數學表示法可以寫成 L = f(g(W, s, b), y)，這個表示法顯然是一個多元複合函數，因此我們需要應用連鎖律將其展開。而 g(W, s, b) 也就是公式 2.3 中的 z = W$^T$S + b，因此我們在這裡先展開 $\frac{\partial L}{\partial W}$ 和 $\frac{\partial L}{\partial b}$ 這兩個數學式，但在這裡為了方便理解，我們並不先將線性分類器梯度 $\frac{\partial L}{\partial z}$ 展開成 L = (z, y) 的形式。

---

QUICK TIPS　在前向傳播中，由於計算是逐層傳遞的，因此在反向傳播時，我們實際上是將梯度逐層傳遞回去。更直觀地理解連鎖律的方法是，找出目前偏微分目標所對應的輸出參數。

---

$$\frac{\partial L}{\partial W} = \frac{\partial L}{\partial z} \cdot \frac{\partial z}{\partial W} = \frac{\partial L}{\partial z} \cdot \frac{\partial \left(W^T s + b\right)}{\partial W} = \frac{\partial L}{\partial z} \cdot s^T \qquad \text{公式 2.6}$$

$$\frac{\partial L}{\partial b} = \frac{\partial L}{\partial z} \cdot \frac{\partial z}{\partial b} = \frac{\partial L}{\partial z} \qquad \text{公式 2.7}$$

　　其中偏移量 b 是一個常數項，所以 $\frac{\partial z}{\partial b}$ 為 1。由於 $\frac{\partial L}{\partial z}$ 是複合函數，因此還需要展開連鎖律，我們可以從公式 2.4 得知與 z 相關的輸出是 ŷ = σ (z)，所以我們的計算方式會如下所示：

$$\frac{\partial L}{\partial z} = \frac{\partial L}{\partial \hat{y}} \cdot \frac{\partial \hat{y}}{\partial z} \qquad \text{公式 2.8}$$

$$\frac{\partial L}{\partial \hat{y}} = -\frac{y}{y} + \frac{1-y}{1-\hat{y}} \qquad \text{公式 2.9}$$

$$\frac{\partial \hat{y}}{\partial z} = \hat{y} \cdot (1-y) \qquad \text{公式 2.10}$$

$$\frac{\partial L}{\partial z} = \frac{\partial L}{\partial \hat{y}} \cdot \frac{\partial \hat{y}}{\partial z} = \hat{y} - y \qquad \text{公式 2.11}$$

這時我們只需將公式 2.11 代入公式 2.6 和 2.7 中，即可完成線性分類器的權重

$\frac{\partial L}{\partial W}$ 和 $\frac{\partial L}{\partial b}$ 的計算。針對這兩個參數的變化量，我們可以得出以下兩個公式：

$$\frac{\partial L}{\partial w} = (\hat{y} - y) \cdot s^T$$

公式 2.12

$$\frac{\partial L}{\partial b} = \frac{\partial L}{\partial z} \cdot \frac{\partial z}{\partial b} = \frac{\partial L}{\partial z}$$

公式 2.13

**02　計算詞嵌入層的所有梯度。**

對於詞嵌入層的梯度計算，由於需要計算每一個輸入 Token 的結果，因此在計算

出 $\frac{\partial L}{\partial E}$ 之前，我們必須先計算出每一個 Token 所帶來的詞嵌入梯度 $\frac{\partial L}{\partial e_i}$ 。

$$\frac{\partial L}{\partial e_i} = \frac{\partial L}{\partial S} \cdot \frac{\partial S}{\partial e_i} = \frac{\partial L}{\partial S} \cdot \frac{1}{N}$$

公式 2.14

接下來，$\frac{\partial L}{\partial s}$ 的計算方法同樣是透過連鎖律來展開計算出公式 2.16，最後將其代

入公式 2.14 中，我們就能求得每一個 Token 對詞嵌入層的梯度。

$$\frac{\partial L}{\partial s} = \frac{\partial L}{\partial z} \cdot \frac{\partial z}{\partial s} = (\hat{y} - y) \cdot W^T$$

公式 2.15

$$\frac{\partial L}{\partial e_i} = \frac{(\hat{y} - y) \cdot W^T}{n}$$

公式 2.16

針對所有的梯度，我們只需要將每一個 Token 的梯度累加到詞嵌入層中，就能完

成詞嵌入層的梯度計算。

$$\frac{\partial L}{\partial E} = \frac{\partial L}{\partial E} + \frac{\partial L}{\partial e_i}$$

公式 2.17

如此我們就完成了整個反向傳播的計算，並找出更新權重的公式（公式 2.12、

2.13、2.17），雖然這些公式看起來很複雜，但整個反向傳播過程其實只涉及連鎖

律展開、計算偏微分以及將結果代入原始公式，因此只要掌握這三個步驟，反向傳播就不再那麼難以理解了。

## ❏ 優化器更新權重

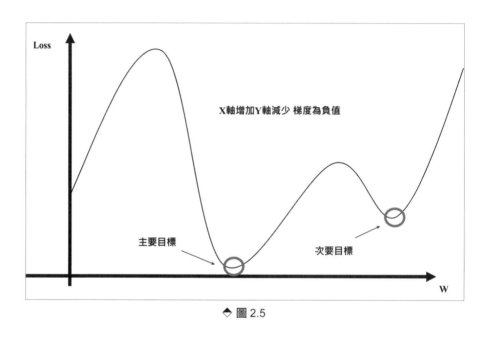

❖ 圖 2.5

當我們計算出梯度後，可以根據其變化方向進行調整，而梯度的定義是用來判斷在 X 軸上移動時，Y 軸的值是增加還是減少，因此在調整參數時，我們應該使用減法，而不是加法來操作。這種協助我們調整權重的工具，稱為「優化器」（optimizer），其中最簡單的優化器演算法就是梯度下降法，如公式 2.18 所示。

$$W_{t+1} = W_t - \eta G$$

公式 2.18

在上述公式中，我們可以看到學習率 $\eta$ 這一個變數，其目的是控制模型學習的梯度 G 變化速度。**如果學習率太大，會導致模型無法收斂；而學習率太小，則會導致模型陷入局部最佳解而無法跳脫**，因此在一個模型中，若要進行優化，學習率的

選擇通常具有很大的關聯性。在後續的章節中,我會告訴你如何透過調整學習率來優化模型。

# 2·2 程式實作:手刻 NLP 神經網路

在本小節中,我將結合先前提到的知識來建構情緒分析的程式碼,這個過程包含 BPE 斷詞、詞嵌入層的建立、前向傳播、反向傳播與優化器的定義。同時,在下列的程式碼中,我將會把對應的數學公式寫在註解之中,以便於你加深這些數學公式的理解。

## 01 模擬情緒分析資料。

由於我們採用了監督式學習的方法進行訓練,因此必須建立輸入資料及其對應的標籤。在這裡,我們將正面情緒的標籤定義為「1」,反面情緒的標籤定義為「0」。為了更好地模擬句子向量 s 的實際狀況,我使用了兩個單字來建立輸入資料,以供後續的分析和處理。

```python
import numpy as np
# 模擬資料
texts = [
    "happy good", "sad bad", "excellent happy", "terrible sad",
    "wonderful great", "awful poor", "good wonderful", "bad awful",
    "amazing fantastic", "horrible dreadful", "pleasant delightful",
"unpleasant miserable",
    "lovely amazing", "disgusting horrible", "fantastic wonderful",
"dreadful awful"
]
```

```
y = np.array([[1], [0], [1], [0], [1], [0], [1], [0], [1], [0], [1], [0],
[1], [0], [1], [0]])
```

**02** 分析資料建立模型的專用 Tokenizer。

　　接下來，我們將在 1.2 小節中完成的 BPE Tokenizer 程式碼，命名為「tokenizer. py」，如此我們便可以在其他程式中導入 BPE 類別的功能。

```
from tokenizer import BPE     # 1.2 小節所建立的檔案
from collections import Counter

# 將每個文字透過空白進行切割
tokens = [token for text in texts for token in text.split()]
vocab = Counter(tokens)

# 初始化 BPE
tokenizer = BPE(vocab)
bpe_tokens = tokenizer.bpe_iterate(30)
x = [tokenizer(text) for text in texts]

# 測試結果
print(f' 原始文字 : {texts[0]} 轉換後的 Token_ids: {tokenizer(texts[0])}')
print(f' 訓練資料數 : {len(x)}')
# ----------------- 輸出 ------------------
原始文字 : happy good 轉換後的 Token_ids: [28, 30]
訓練資料數 : 16
```

　　在程式中，我們透過 Counter 這個方法快速找出每個 Token 的出現次數。我們只需將分割後的文字存入一個列表中，Counter 就能迅速幫我們計數，接著我們透過已建立的 BPE 類別進行運算，轉換輸入文字，就可以測試我們所建立的 Tokenizer 轉換後的文字是否符合預期。

**03** 初始化超參數。

在 2.1 小節中，我們知道會有變動的參數，包括詞嵌入層 E、權重 W 和偏移量 b，因此在撰寫程式時，我們可以將這些變數定義在 \_\_init\_\_ 方法中，這樣子當模型進行初始化時，這些參數便能夠隨機初始化，並且在後續的訓練過程中，也能夠直接進行修改和更新。

```
class SentimentModel:
    def __init__(self, vocab_size, embed_dim, output_dim):
        # 初始化詞嵌入層 E
        self.embedding_matrix = np.random.randn(vocab_size, embed_dim) *
0.01

        # 初始化線性分類器權重 W 和偏移量 b
        self.W = np.random.randn(embed_dim, output_dim) * 0.01
        self.b = np.zeros(output_dim)
```

在初始化時，可以看到 self.W 與 self.embedding_matrix 都乘上了 0.01，這是因為 np.random.randn() 會透過正態分布產生資料，而這個範圍可能會較大，使模型難以收斂，因此乘上 0.01 可以讓數值縮小到更適合的範圍，有助於模型的穩定性。

**04** 定義激勵函數與損失函數。

接下來，我們可以定義激勵函數的方法，讓模型能夠將線性分類器的結果傳入其中進行運算，這樣做可以保持程式碼的整潔性，防止前向傳播公式中有過多的數學式。同樣的，我們也可以定義損失函數，這裡需要注意與公式有稍微的不同，因為實際狀況中可能會發生 Log(0) 的問題，所以可以加入一個非常小的數值來避免這個問題。

```
def sigmoid(self, z):
    return 1 / (1 + np.exp(-z)) # 預測輸出（公式 2.5）


def binary_cross_entropy_loss(self, y_hat, y):
    epsilon = 1e-15 # 加入一個微小數值防止 log(0)
    y_hat = np.clip(y_hat, epsilon, 1 - epsilon)

    return -np.sum(y * np.log(y_hat) + (1 - y) * np.log(1 - y_hat)) # 回傳
損失值
```

**05** 定義前向傳播方式。

有了這些基礎參數與功能後，我們便能開始定義前向傳播的數學公式。我的習慣
是在前向傳播過程中，同時計算損失值和輸出機率。在前向傳播時，模型會回傳兩
個結果，分別是「損失值」和「輸出機率」。

```
def forward(self, word_indices, y):
    # 將 Token 轉換成嵌入層特徵（公式 2.1）
    word_embeddings = self.embedding_matrix[word_indices]
    # 計算句子向量（公式 2.2）
    sentence_vector = np.mean(word_embeddings, axis=0)
    # 線性分類器輸出（公式 2.3）
    z = np.dot(sentence_vector, self.W) + self.b
    # 預測輸出（公式 2.4）
    y_hat = self.sigmoid(z)

    # 回傳損失值與預測值
    return self.binary_cross_entropy_loss(y_hat, y), y_hat
```

之所以將損失函數與其測試結果都寫入前向傳播中，是因為在學習自然語言處理時，我們一定會接觸到 Hugging Face 這家公司，該公司主要專注於自然語言處理和機器學習技術，並且開源了許多強大的預訓練語言模型。

基本上，所有開源的語言模型都能在 Hugging Face 上找到，而我們只需透過簡易的程式碼，就能夠輕鬆取得和使用這些強大的模型，因此我在後續章節中都是模擬 Hugging Face 的開源程式架構，以便我們在後續使用預訓練語言模型能夠更加上手。

## 06 定義反向傳播方式。

當計算出損失值後，我們便能夠定義反向傳播的公式。而在反向傳播的第一步，我們需要取得線性分類器對於損失值的梯度 $\dfrac{\partial L}{\partial z}$ ，並計算出權重的梯度 $\dfrac{\partial L}{\partial W}$ 。

由於這兩個向量都是一維向量，因此在計算外積時，我們應使用 np.outer，這樣模型將會回傳一個(emb_dim, 1)的向量，就能夠在後續的運算中透過 np.dot 來計算結果。

```python
def backward(self, word_indices, y_hat, y, learning_rate):
    # 線性分類器對於損失值梯度（公式2.11）
    dz = y_hat - y
    # 計算平均向量（公式1.1）
    sentence_vector = np.mean(self.embedding_matrix[word_indices], axis=0)
    # 權重的梯度（公式2.12）
    dW = np.outer(sentence_vector, dz)
    # 偏移量的梯度（公式2.13）
    db = dz

    # 句子向量的梯度（公式2.15）
    ds = np.dot(dz, self.W.T)
    # 每個Token的詞嵌入梯度（公式2.16）
    de = ds / len(word_indices)
```

```
# 用於儲存每個 Token 的梯度
dE = np.zeros_like(self.embedding_matrix)
# 累積梯度（公式 2.17）
np.add.at(dE, word_indices, de)


# 梯度下降法（公式 2.18）
self.W -= learning_rate * dW
self.b -= learning_rate * db
self.embedding_matrix -= learning_rate * dE
```

為了方便程式的撰寫，我們將梯度下降法這個優化器寫入反向傳播的過程中，如此一來，我們只需呼叫 model.backward()，就能夠同時完成「計算梯度」和「更新權重」這兩個功能。

### 07 定義預測的方法。

最後，我們還可以定義一個預測方法，用於判斷這些文字的情緒類別。先前提到的 sigmoid 函數，會將數值縮放到 0 到 1 之間，而我們在定義標籤時，將正面情緒定義為「1」，因此將大於 0.5 的數值視為正面情緒，反之則視為負面情緒。到這裡，我們已經定義完模型的內容，接下來只需初始化模型，即可完成情緒分析模型的建立。

```
def predict(self, x):
    # 只需要計算機率值，因此可以隨便傳入數字
    _, pred = self.forward(x, 0)

    # 輸出類別與機率值
    return "正面" if pred > 0.5 else "負面", pred[0]
```

**08** 實體化情緒分析類別。

因爲詞嵌入層概念是讓 Token 能夠轉換成更多的特徵值，所以其大小基本上會等同於我們的 Token 數量。這裡我們將詞嵌入層的大小設定爲「2」，以便後續繪製其向量的資料分布狀態。

```
# 通常 Embedding 層的大小會等同於 Tokenizer 中的 Token 量
vocab_size = len(tokenizer.tokens)
# 設定每個 Token 有 2 個特徵值
embed_dim = 2
# BCE Loss 的輸出一定要是 1
output_dim = 1
model = SentimentModel(vocab_size, embed_dim, output_dim)
```

**09** 訓練模型。

在訓練過程中，爲了使模型更加準確，我們通常會多次將所有資料提供給模型進行訓練，以此來更新模型的權重，每一次完整的訓練過程稱爲「一個週期」（Epoch）。而我們會在這個過程中，記錄訓練資料的平均損失值，以觀察模型是否收斂或出現問題。

```
def train(x, y, model, epochs=20, learning_rate=0.01):
    history = []
    for epoch in range(epochs):
        total_loss = 0
        for tokens_ids, label in zip(x, y):

            # 訓練模型
            loss, y_hat = model.forward(tokens_ids, label) # 前向傳播
            model.backward(tokens_ids, y_hat, label, learning_rate) # 反向
傳播
```

```
        total_loss += loss
    avg_loss = total_loss / len(texts)  # 計算平均損失
    history.append(avg_loss)  # 記錄平均損失

    # 顯示平均損失值
    if epoch % 10 == 0:
        print(f"Epoch {epoch}, Loss: {avg_loss}")

return history

history = train(x, y, model, epochs=1000, learning_rate=0.05)
# ----------------- 輸出 -----------------
Epoch 990, Loss: 0.005486012543484603
```

**10** **繪製損失曲線圖。**

我們可以從最終結果中看出，損失值達到了非常低的數值，然而只查看輸出的結果文字，並不足夠讓我們直觀了解模型在訓練過程中的變化，因此我們可以繪製一個折線圖，來查看每個訓練週期與損失值之間的關係。

我們的方法是將損失值的列表傳入圖表中，這就是為什麼我們在訓練函數中需要定義一個 history 變數來存放損失值。透過將這個 history 變數以圖表形式呈現出來，我們能夠清楚瞭解到模型在每個訓練週期中的變化。

```
import matplotlib.pyplot as plt

def visualize_training(losses):
    plt.figure(figsize=(10, 6))
    plt.plot(losses)
    plt.title('Training Loss over Epochs')
    plt.xlabel('Epoch')
    plt.ylabel('Loss')
```

```
    plt.show()

# 視覺化訓練過程
visualize_training(history)
```

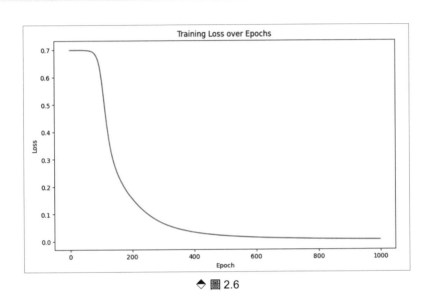

◆ 圖 2.6

在這個結果中，我們可以看到損失值的下降曲線非常完美，不僅沒有任何抖動，且損失值也平滑地收斂到接近 0。根據這個結果，我們可以說這個模型的設計對這個資料而言，是非常合適的。

### 11 繪製詞嵌入資料分布。

讓我們來看看詞嵌入層的分布趨勢，這也是為什麼我們一開始將嵌入層數量設定為「2」的原因。不過在這個函數中，由於某些 Token 的點位可能會重疊，因此我使用了 adjust_text 這個函式庫。當文字遇到重疊部分時，會稍微移動並附上一個箭頭符號，讓我們更了解每個 Token 的分布狀況。

```
from adjustText import adjust_text
```

```python
def visualize_embeddings(token_to_id, model):
    # 從鍵中取得 Token 名稱
    words = list(token_to_id.keys())
    # 用對應的 Token 索引取得 embedding 特徵資料
    embeddings = model.embedding_matrix[list(token_to_id.values())]

    plt.figure(figsize=(12, 6))
    plt.scatter(embeddings[:, 0], embeddings[:, 1], alpha=0.6) # 繪製散點圖

    texts = []
    for i, word in enumerate(words):
        # 為每個詞繪製文字標籤，並將標籤物件加入 texts 列表
        texts.append(plt.text(embeddings[i, 0], embeddings[i, 1], word))

    # 使用 adjust_text 自動調整文字標籤的位置，並為標籤增加箭頭
    adjust_text(texts, arrowprops=dict(arrowstyle='->', color='red'))

    # 設定圖表標題和軸標籤
    plt.title('Word Embeddings Visualization')
    plt.xlabel('feature 1')
    plt.ylabel('feature 2')
    # 顯示圖表
    plt.show()

# 視覺化詞嵌入
visualize_embeddings(tokenizer.token_to_id, model)
```

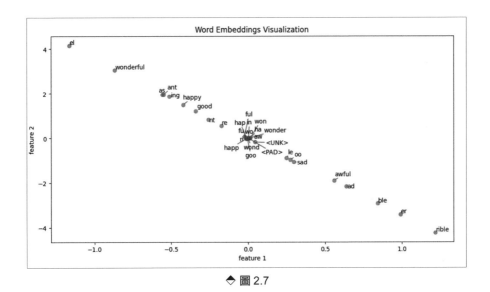

◆ 圖 2.7

在畫面中我們可以看到，正面相關的子詞較偏向於畫面左側，而負面子詞則在右側，這也代表我們可以組合這些子詞的向量，來辨別出不存在於詞彙表中的單字。

**12** 實際運用模型。

最後，我們來測試模型實際運行時的效果。這裡我們選擇輸入「horrible」這個單字來測試模型的輸出結果，從結果顯示由於「rible」這個子詞位於詞嵌入空間的最右下方，因此其輸出結果會偏向負面，而從這個結果中，我們可以瞭解到為什麼 BPE 這一個演算法能夠更好，表達不存在於詞彙表中的單字的原因。

```
tokens_ids = tokenizer('horrible')
sentiment, score = model.predict(tokens_ids)
print(sentiment, score)
# ----------------- 輸出 -----------------
負面 4.360591975908312e-06
```

## 2·3 本章總結

　　本章深入探討自然語言處理中深度學習模型的核心概念，並以二元分類模型為範例，展示了相關數學公式及其應用。透過實際程式碼建立了一個情緒分析模型，涵蓋 BPE 斷詞、詞嵌入層的建立、前向傳播、反向傳播與優化器的實際作法，這些內容提供了深厚的理論基礎和實際應用指南，幫助你深入理解並靈活運用深度學習在自然語言處理中的應用。

　　而本章的難度可能會是所有章節中最高的，因為我們需要理解數學基礎概念，並將其應用到程式實作中，因此你可能需要一些時間來理解，並轉換這些概念，不過後續撰寫的程式碼並不會這麼複雜，因為我們會使用 Pytorch 這個函式庫來建立和訓練模型。在本章中學到的內容，是為了更有效理解後續的程式內容與知識，從而打下良好的基礎，這樣才能更加理解後續模型的實際意義。

# 3

# Pytorch的訓練方式與
# 模型的優化方式

在本章中，會討論模型與資料集之間的關聯性，解釋這些關聯
性可能帶來的影響，接著會透過訓練損失值與驗證損失值，分
析模型在訓練中可能遭遇的問題，並提供可能的解決方案，最
後會告訴你如何使用 Pytorch 這個函式庫，並建立屬於自己的
訓練器。

## 本章學習大綱

- **欠擬合與過度擬合**：在模型訓練過程中，通常會使用「訓練集」和「驗證集」來訓練模型，並評估其效能，然而在這個過程中，可能會遇到「欠擬合」與「過度擬合」的問題，因此我將告訴你這些狀況的可能成因，以及如何觀察並解決這些問題，以提高模型的泛化能力。

- **L1、L2 正規化**：為了解決過度擬合的問題，我們可以在損失值後加入一些懲罰項，這些懲罰項針對不同的資料集進行處理。我將用以下數學公式解釋 L1 和 L2 正規化技術如何防止過度擬合，並說明在不同類型的資料集中，應該如何選擇使用 L1 或 L2 正規化。

- **訂製個人化的訓練器**：訓練模型的過程往往相似，而這裡將展示如何建立一個訓練器，並使其能根據特定需求設計和實現個性化的神經網路訓練器，來提升模型的訓練效果。

## 本章程式碼教材

URL https://reurl.cc/gGgzVV

# 3·1 模型的優化方式

在機器學習與深度學習中，模型的優化往往是一個非常困難的問題，其解決方式也非常多元，例如：我們可以依靠不同的優化器來適應目前的模型，或者根據不同的規則來調整學習率，使其能更好地收斂或跳脫局部解。針對這些優化方式，我們通常要先從損失值上找出其問題所在，再根據我們對模型、優化器、損失函數、資料集等資料的理解程度進行修改。以下會提出幾個經典的優化方式，並說明這些方式的應用情景。

##  欠擬合和過度擬合

在優化模型的過程中，我們通常會根據訓練的損失圖來觀察問題所在，這裡會出現兩個指標：「欠擬合」（Underfitting）和「過擬合」（Overfitting），這兩個指標分別代表了模型在不同層面上的表現問題。

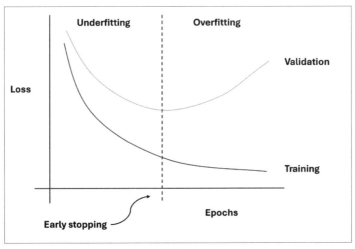

◆ 圖 3.1

## ❑ 欠擬合

「欠擬合」代表模型**無法捕捉訓練資料中的規律**，導致模型在訓練資料和驗證資料上的表現都很差，**訓練損失與驗證損失都較高**。通常造成這種狀況的原因包括模型設計不當，例如：①參數量太小，模型無法處理資料集內容；②模型輸入輸出維度錯誤；③資料集異常等。基本上，在選擇適當的模型與資料集時，不太會發生欠擬合的狀況，但如果你不幸遇到了，以下是幾種常見的欠擬合問題與解決方式：

| 問題說明 | 問題描述 | 解決方法 |
|---|---|---|
| 模型設計不當 | 使用錯誤的模型來預測錯誤的資料集，或是模型的維度拼接錯誤。例如：拿語言模型處理圖片資料，或是將時間維度錯誤地連接到資料特徵上。 | 查看各神經網路層的官方文件，檢查每一層的模型輸入與輸出是否符合實際需求。 |
| 資料集異常 | 資料集中有太多遺漏值（Missing Value），並且資料偏差很大，這種狀況通常發生在收集現場資料時，由於外部環境過於混亂，導致資料集有許多問題。 | 透過四分位數來修正資料集中的異常值，或透過標準差進行正規化處理。 |
| 訓練資料不足 | 資料集可能是非常難取得的低資源資料，導致資料量太少，很難進行訓練。 | 使用現有資料進行擴增，例如：對圖像資料進行旋轉、裁剪、翻轉等處理，生成更多樣本。對文字資料，可以進行同義詞替換、增減句子結構等操作。 |
| 超參數設置不當 | 訓練的總時長不足、模型參數設計過小或學習率設定過低。 | 增加這些參數的大小。 |

## ❑ 過度擬合

「過度擬合」是指模型在訓練資料上表現優異，但在驗證資料或新資料上表現不佳。這表明**模型過於複雜，記住太多訓練資料中的細節**，導致訓練損失值持續降低，而驗證損失值上升。

我們可以將這種情況類比為我們在學校的學習過程。在學校，我們依賴課本（訓練集）學習，並應用到考試（驗證集），然而模型不同，它們透過死記硬背來理解內容。假設你在學校學習某門課程，通常會依靠課本（訓練集）來學習相關知識，並且把這些知識應用到考試上（驗證集）；在學習過程中，你會做很多練習題，這些題目和課本內容非常相似，如果你過於依賴這些練習題，並且完全背下它們，那麼你在模擬考試時可能會表現得非常好，因為題目和你練習過的一模一樣，但當你面對正式考試時，考試題目可能會有一些變化，不再完全按照練習題的模式出題，此時如果你只是背下了練習題的答案，而不是理解背後的原理和解題方法，那麼你可能會無法解答這些變化題，導致考試成績不佳。

**當遇到過度擬合時，我們應該先減少模型的參數量**，以降低模型的學習能力，同時觀察其驗證損失值是否有明顯改善，如果沒有明顯改善，這可能意味著該模型的架構無法很好地適應資料集，或者是因為資料集太少或噪音過多等因素。而這個參數量應相對於訓練資料來決定，因為只要資料範圍足夠廣泛，模型便能自動識別訓練資料中的噪音和細節。

## ◈ L1 正規化

在過度擬合時，我們知道這是因為模型在訓練的過程中學習到太多噪音，因此我們希望在計算損失值時加入一項懲罰項，**使某些不需要的模型參數趨近於零**，從而達到模型簡化的效果，這一作法就叫做「L1 正規化」。現在讓我們來看看該正規化技術是如何達成的，假設我們的模型的前向傳播公式為：

$$\hat{y} = W^T x \qquad \text{公式 3.1}$$

同時，我們假設損失值是透過 MSE 損失函數計算的，因此加入正規化後的損失函數可以寫成：

$$MSE = \frac{1}{N}\sum_{i=1}^{N}\frac{1}{N}\left(y_i - \hat{y}_i\right)^2 = \frac{1}{N}\left(Y - \hat{Y}\right)^T\left(Y - \hat{Y}\right) \qquad \text{公式 3.2}$$

$$L1 = \lambda\sum_{i,j}\left|W_{ij}\right| = \lambda\left\|W\right\|_1 \qquad \text{公式 3.3}$$

$$L(W) = MSE + L1 = \frac{1}{N}\left(Y - \hat{Y}\right)^T\left(Y - \hat{Y}\right) + \lambda\left\|W\right\|_1 \qquad \text{公式 3.4}$$

在模型進行反向傳播時，我們會使用 L(W) 這一結果來進行優化，而爲了找出最佳的 W，我們須假設 L(W) = 0，因此其數學式結果爲：

$$\frac{\partial L(W)}{\partial W} = \frac{2}{N}X(Y - WX)^T = \lambda \cdot sign(W) \qquad \text{公式 3.5}$$

由於絕對值無法直接進行偏微分，因此我們需要透過符號函數 sign(W) 來處理，對於其轉換結果的數學表示法，我們可以根據以下公式進行轉換：

$$sign(W) = \begin{cases} -1 : W < 0 \\ [-1, 1] : W = 0 \\ 1 : W > 0 \end{cases} \qquad \text{公式 3.6}$$

我們將發現，當我們的 W 很小時，其 $\frac{\partial L(W)}{\partial W}$ 的數值就會較高，這時正規化項 $\lambda \cdot$ sign(W) 的懲罰會使得 W 更容易被調整爲 0，這正是 L1 正規化導致稀疏化效果的原因，這種懲罰項對小的 W 影響很大，促使模型參數變得稀疏，僅保留少數重要的特徵。

#  L2 正規化

而 L2 正規化的作法則是在特徵差距很小的情況下應用，透過在損失函數中加入模型參數的平方和來控制，使得模型的參數不會過大，這有助於提高模型在未知資料上的泛化能力。我們使用公式 3.1 和公式 3.2 中的前向傳播和反向傳播公式來進行。對於加入 L2 正規化後的損失函數，其形式為：

$$L2 = \lambda \sum_{i,j} W_{ij}^2 = W^T W \qquad \text{公式 3.7}$$

$$L(W) = MSE + L2 = \frac{1}{N}(Y - \hat{Y})^T (Y - \hat{Y}) + \lambda W^T W \qquad \text{公式 3.8}$$

接下來，我們需要取得 $\frac{\partial L(W)}{\partial W}$ 的結果，並對其進行最小化，我們將能得到以下結果：

$$\frac{\partial L(W)}{\partial W} = -\frac{2}{N} X^T (Y - XW) + 2\lambda W = 0 \qquad \text{公式 3.9}$$

這裡我們還能夠進一步簡化公式，並將 W 提出，我們最終可解得：

$$\frac{\partial L(W)}{\partial W} = (X^T X + \lambda N1)^{-1} X^T Y \qquad \text{公式 3.10}$$

在公式 3.10 中，由於 λ N1 是對角矩陣，每個對角元素都是 λ N，因此當 λ > 0 時，對角矩陣 λ N1 被加入到 $X^T X$ 中，如此一來，逆矩陣 $(X^T X + \lambda N1)^{-1}$ 的計算會減少權重的值；對於較大的 λ ，權重 W 的值會更小，這就體現了 L2 正規化的懲罰作用。

 我們還有一些實際應用中的模型優化方法，這些方法大多是透過動態調整學習率來完成的。在後續的章節中，我們會在程式實作中展示這些方法的效果及其使用原因。

# 3·2 Pytorch 介紹與安裝

　　PyTorch 是一個由 Facebook 的人工智慧研究小組（FAIR）開發的開源深度學習框架，自 2016 年首次發布以來，迅速成為深度學習社群中的熱門工具，特別是在研究和開發領域中。其 autograd 模組提供了自動計算梯度的功能，這對於反向傳播算法來說尤為重要，使得使用者可以輕鬆建立和訓練神經網路，而不需要手動計算梯度。

　　同時，PyTorch 擁有大量的預訓練模型和現成的神經網路模型，這使得建立複雜的模型變得更加簡單。而該框架與其他深度學習框架不同的是，它**使用動態計算圖，這意味著每次執行模型時，都會根據目前操作生成新的計算方式**，這種特性使得程式碼更加靈活和易於除錯，並能根據需要進行修改和擴展。

　　在深度學習中，我們通常會使用 GPU 進行加速計算。GPU 能顯著提高深度學習任務的執行速度，這是因為 GPU 擁有大量的核心，能同時平行處理多個運算任務，非常適合大規模的矩陣運算和向量計算。

　　不過，Pytorch 的 GPU 版本安裝方式不太一樣，如果我們使用 pip install pytorch，則會安裝成 CPU 版本，因此現在讓我們來看看如何安裝 Pytorch 的 GPU 版本。

## 01 檢查 CUDA 版本。

　　在此步驟中，需要檢查顯示卡的 CUDA 支援版本，這是為了確保你安裝的 CUDA 驅動程式與顯示卡硬體相容，從而發揮顯示卡的最大效能。不同版本的 CUDA 驅動程式可能會影響到深度學習、機器學習或其他需要 GPU 加速的應用程

式的效能與穩定性。你可以在 CMD 上輸入以下指令，此時會出現顯示卡的相關資訊，並在訊息欄的右上角看到 CUDA 支援的最高版本。

```
nvidia-smi
```

◆ 圖 3.2

02　使用 pip 指令安裝 Pytorch。

我們可以在 PyTorch 官方網站（ URL https://pytorch.org/ ）中找到以下畫面，在這個頁面上，你可以找到適用於不同版本和程式語言的 PyTorch 安裝指令或方法。

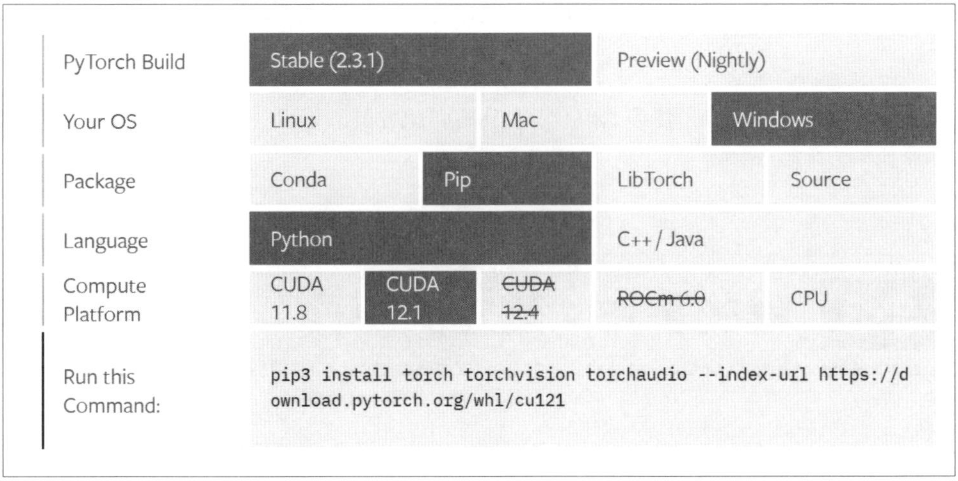

◆ 圖 3.3

使用這些指令時，請確保你的 CUDA 版本符合需求，以確保安裝的 PyTorch 版本能與你的硬體及驅動程式相容。我們只需要將網站上「Run This Command」後方的指令複製到命令提示字元（CMD）中，即可完成 PyTorch GPU 的安裝。

```
pip3 install torch torchvision torchaudio --index-url https://download.
pytorch.org/whl/cu121
```

**03** 檢查是否安裝成功。

當安裝完畢後，我們可以測試 PyTorch 是否成功安裝 GPU 版本。首先，在 CMD 中輸入 python 來進入 Python 環境，接著輸入以下指令：

```
import torch
torch.cuda.is_available()
```

```
Python 3.8.10 (tags/v3.8.10:3d8993a, May  3 2021, 11:48:03) [MSC v.1928 64 bit (AMD64)] on win32
Type "help", "copyright", "credits" or "license" for more information.
>>> import torch
>>> torch.cuda.is_available()
True
>>>
```

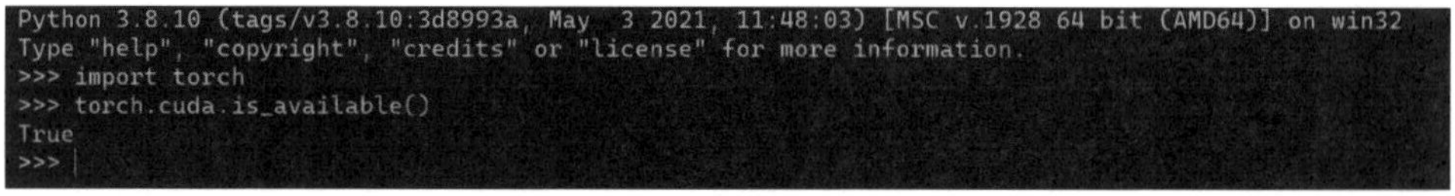

◆ 圖 3.4

當程式回傳 True 時，代表 GPU 版本已被成功安裝。

# 3·3 程式實作：建立訓練器

當 PyTorch 安裝完畢後，我們就能夠使用 PyTorch 來進行前向傳播與反向傳播，但由於這些操作在不同的模型訓練中通常都非常相似，因此我們可以定義一個訓練器類別來完成這個過程。

**01**　初始化訓練器。

　在一個合格的訓練器（Trainer）中，通常會包含一些優化演算法和相關的訓練策略，最簡單的優化方法是將資料集分為「訓練資料」和「驗證資料」，來判斷其模型是否有發生過度擬合的問題，因此在定義一個訓練器時，通常會將訓練資料和驗證資料一起傳入，以便於後續的處理。

```
class Trainer:
    def __init__(self, epochs, train_loader, valid_loader, model, optimizer,
device = None, scheduler=None, early_stopping = 10, save_name = 'model.
ckpt'):
        # 總訓練次數
        self.epochs = epochs

        # 訓練用資料
        self.train_loader = train_loader
        self.valid_loader = valid_loader

        # 優化方式
        self.optimizer = optimizer # 優化器
        self.scheduler = scheduler # 排程器（用於動態調整學習率）
        self.early_stopping = early_stopping # 防止模型在驗證集上惡化

        # 若沒輸入自動判斷裝置環境
        if device is None:
            self.device = torch.device('cuda' if torch.cuda.is_available()
else 'cpu')
        else:
            self.device = device

        # 宣告訓練用模型
        self.model = model
```

```
    # 模型儲存名稱
    self.save_name = save_name
```

在這個程式中，我預留了兩項參數，其中之一是 self.early_stopping，這個參數的作用是在驗證集表現未進步達到一定次數後，觸發「提前停止」（Early Stopping）動作，其基本原理是監控模型在驗證資料集上的效能，當驗證損失值開始增加時停止訓練，因為這意味著模型可能開始過度擬合訓練資料；另一項參數是 self.scheduler，該參數的作用是透過排程器（Scheduler）動態調整學習率，避免模型陷入局部最小值。

**02** 定義模型訓練模式函數。

接下來，我們需要定義模型的訓練方式，也就是「前向傳播」與「反向傳播」這兩個過程。在 PyTorch 中，前向傳播是由模型定義，而這個過程會自動追蹤梯度。

在這個訓練器中，有兩個比較特殊的地方，第一個是 model(**input_datas) 這種寫法，因為在 Hugging Face 的 Tokenizer 中，通常會用字典的方式來輸出資料，因此透過這種方式能夠快速將參數傳入到模型中。

第二個是 outputs[0] 這一個結果，因為在 Hugging Face 的模型中，通常會會包含兩個輸出，索引值 0 通常是損失值的結果，而索引值 1 則是模型前向傳播的輸出結果。

```
def train_epoch(self, epoch):
    train_loss = 0
    train_pbar = tqdm(self.train_loader, position=0, leave=True)   # 進度條

    self.model.train()
    for input_datas in train_pbar:
        for optimizer in self.optimizer:
            optimizer.zero_grad()
```

```
        input_datas = {k: v.to(self.device) for k, v in input_datas.
items()} # 將資料移動到 GPU 上
        outputs = self.model(**input_datas) # 進行前向傳播
        loss = outputs[0] # 取得損失值
        loss.backward() # 反向傳播


        # optimizer 可能有數個
        for optimizer in self.optimizer:
            optimizer.step()


        # scheduler 可能有數個
        if self.scheduler is not None:
            for scheduler in self.scheduler:
                scheduler.step()



        postfix_dict = {'loss': f'{loss.item():.3f}'} # 定義進度條尾部顯示的資料
        train_pbar.set_description(f'Train Epoch {epoch}')   # 進度條開頭
        train_pbar.set_postfix(postfix_dict)                 # 進度條結尾


        train_loss += loss.item()   # 加總損失值

    return train_loss / len(self.train_loader) # 計算平均損失
```

另外，由於排程器和優化器可能會針對不同的神經網路層進行優化，因此我在上述程式中，使用 for 迴圈來更新多個排程器和優化器，這也意味著後續在**傳入此參數時，必須以容器類型的方式來傳遞變數資料**。

**03** 定義模型驗證模式函數。

在訓練模式下，有些模型會使用 Dropout 或 Batch Norm 這類操作，而這類操作在驗證模式下的行為會有所不同，因此我們需要使用 model.eval()，將模型切換

到驗證模式，以確保模型在訓練和推論時的表現一致。另外，**在模型驗證時，我們不需要進行梯度追蹤**，因此可以使用 `with torch.no_grad()` 來關閉梯度追蹤功能，以提高驗證速度，其餘部分則與訓練過程相同。

```python
def validate_epoch(self, epoch):
    valid_loss = 0
    valid_pbar = tqdm(self.valid_loader, position=0, leave=True)

    self.model.eval()        # 將模型轉換成評估模式
    with torch.no_grad(): # 防止梯度計算
        for input_datas in valid_pbar:
            input_datas = {k: v.to(self.device) for k, v in input_datas.
items()}

            outputs = self.model(**input_datas)
            loss = outputs[0]

            valid_pbar.set_description(f'Valid Epoch {epoch}')
            valid_pbar.set_postfix({'loss':f'{loss.item():.3f}'})

            valid_loss += loss.item()

    return valid_loss / len(self.valid_loader)
```

**04** 視覺化模型訓練曲線。

在訓練模型時，我們還需要視覺化損失值的曲線。透過訓練與驗證的損失曲線，我們可以判斷模型是否出現梯度爆炸或梯度消失的問題，同時也可以觀察是否存在過度擬合或欠擬合的情況，這有助於我們後續對模型進行調整。

```python
def show_training_loss(self, loss_record):
    train_loss, valid_loss = [i for i in loss_record.values()]
```

```
plt.plot(train_loss)
plt.plot(valid_loss)
# 標題
plt.title('Result')
# Y軸座標
plt.ylabel('Loss')
# X軸座標
plt.xlabel('Epoch')
# 顯示各曲線名稱
plt.legend(['train', 'valid'], loc='upper left')
# 顯示曲線
plt.show()
```

**05** 定義訓練策略。

在訓練模型時，一個完整的週期通常包含「訓練」與「驗證」兩個階段，因此這裡我們將呼叫上述的兩個方法，並記錄這些損失值。此外，在驗證集上，我們需要不斷判斷目前週期的損失值是否有改善，如果在 self.early_stopping 設定的週期內都沒有改善，則應該停止訓練，同時整個訓練過程中應該保存最低損失值的結果。

```
def train(self, show_loss=True):
    best_loss = float('inf')
    loss_record = {'train': [], 'valid': []}
    stop_cnt = 0
    for epoch in range(self.epochs):
        train_loss = self.train_epoch(epoch)
        valid_loss = self.validate_epoch(epoch)

        loss_record['train'].append(train_loss) # 加入訓練的平均損失
        loss_record['valid'].append(valid_loss) # 加入驗證的平均損失
```

```python
        # 儲存最佳的模型
        if valid_loss < best_loss:
            best_loss = valid_loss
            torch.save(self.model.state_dict(), self.save_name) # 儲存模型
            print(f'Saving Model With Loss {best_loss:.5f}')
            stop_cnt = 0
        else:
            stop_cnt += 1

        # Early stopping
        if stop_cnt == self.early_stopping:
            output = "Model can't improve, stop training"
            print('-' * (len(output) + 2))
            print(f'|{output}|')
            print('-' * (len(output) + 2))
            break

    print(f'Train Loss: {train_loss:.5f}', end='| ')
    print(f'Valid Loss: {valid_loss:.5f}', end='| ')
    print(f'Best Loss: {best_loss:.5f}', end='\n\n')

# 顯示訓練曲線圖
if show_loss:
    self.show_training_loss(loss_record)
```

# 3·4 本章總結

在本章中，我們探討模型訓練過程中的優化方法及其常見問題，提供一些基礎的解決方案，並針對模型訓練中的兩個主要問題—「欠擬合」與「過度擬合」，詳細探討了它們的成因及如何處理，同時透過介紹 L1 和 L2 正規化技術，闡述了不同的資料該如何有效防止過度擬合，以提升模型的泛化能力。

在本章的最後，我也展示了如何利用 PyTorch 函式庫來建立個人化的訓練器，並解釋各種優化策略的應用場景，讓讀者能夠靈活應對不同的模型訓練需求，使訓練的過程能夠更好地被重複使用。

# 4

# 文字也是一種
# 有時間序列的資料

經過前幾個章節的訓練，我相信你已對自然語言處理有了初步
的理解，因此從本章開始，我將轉變教學方向，開始導讀現
今 NLP 中常用的技術，而本章的主題是介紹時間序列模型如
何應用於文字資料上，以及解釋文字為何會是一種時間序列資
料。

## 本章學習大綱

- **理解時間序列模型**：要理解基本的線性分類器如何組合生成時間序列，首先需要了解哪些激勵函數能夠更好地傳遞資料。接下來，我將告訴你這些模型之間的資料連接概念與運算方式。

- **理解 LSTM 與 GRU 的架構**：透過數學公式來了解 LSTM 與 GUR 之所以為何能夠記住長期記憶，並解決循環神經網路的梯度消失問題。

- **學習如何動態處理文字資料**：由於文字的長短不同，我們在進行運算時會用特殊的 Token 進行填補。然而，填補方式是有講究的。如果我們一次填補成最大序列，會產生多餘的訓練時間，因此我們來學習如何動態填補文字資料。

- **學會怎麼使用 Pytorch 建立時間序列模型**：在 PyTorch 中，要連接神經網路之間的結構是需要一些基礎知識的。這裡我會告訴你如何處理這些時間序列模型的輸出，並且進行一個 IMDB 情感分析的時間序列模型實作。

## 本章程式碼教材

URL https://reurl.cc/ez0mem

# 4·1 循環神經網路

我們在第 2 章所使用的文字處理方式其實並不夠完善,其原因在於我們使用了線性分類器來計算輸出結果,這導致我們需要融合這些文字的資訊,而不是分別計算,如此做的結果,使得我們無法很好地考量每個文字之間的前後順序,從而保持語義的連貫性,因此我們應該維持原始資料的維度,使其能考慮這些文字的前後順序,讓輸出的維度變成 (batch_size, seq_len, emb_dim),而不是 (batch_size, emb_dim)。

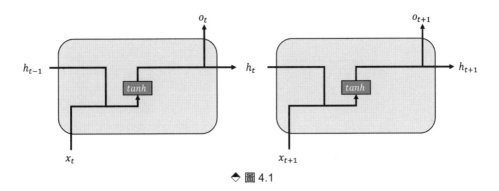

◆ 圖 4.1

而為了讓計算的過程能夠符合這個資料維度,因此我們需要一個能考慮時間序列的模型,來幫助我們處理時間序列的資料。最簡單的時間序列模型便是「循環神經網路」(Recurrent Neural Networks,RNN),該模型可以被想像成時間版本的線性分類器。

循環神經網路能夠記住序列中前面部分的訊息,並使用這些訊息來影響後續部分的輸出,使其能更好地捕捉語義的連貫性和上下文關係。在循環神經網路中,主要有兩個動作,第一個動作是計算上一個時間步(Time Step)的隱藏狀態 $h_{t-1}$ 與目前輸入 $x_t$ 結合,並產生新的輸出 $o_t$;第二個動作是根據這個新的輸出 $o_t$,透過 tanh 激勵函數產生資料的分布狀態,以生成目前時間步的隱藏狀態 $h_t$。

$$o_t = W_{ih}x_t + b_{ih} + W_{hh}h_{t-1} + b_{hh}$$

公式 4.1

使用 tanh 的原因是它能將輸入值壓縮到 -1 到 1 之間，如此可以更好地平衡輸入資料，避免數值過大或過小而導致計算不穩定，並能更好地表示資料正負方向的變化。

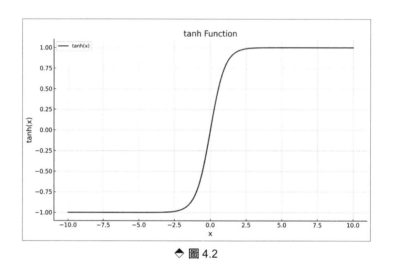

◆ 圖 4.2

對於時間序列模型來說，防止梯度消失非常重要，而 tanh 在零點附近的梯度較 sigmoid 大，因此能在反向傳播過程中更有效避免梯度消失問題，其公式如下：

$$h_t = tanh(o_t) = \frac{e^{2o_t} - 1}{e^{2o_t} + 1}$$

公式 4.2

不過，$h_t$ 的輸出維度是 (batch_size, hidden_size)，因此我們通常會加入一個線性分類器，使其輸出大小為 1。在二元分類的情況下，我們會加入一個 sigmoid 函數，使最終輸出的範圍符合目前任務的需求，其公式如下：

$$\hat{y} = \sigma(W_{oh}h_t)$$

公式 4.3

不過，這種方式存在一個重大的問題，就像我們人類會漸漸忘記過去發生的事情一樣，當我們的輸入序列過長時，最初的序列資料可能會被遺忘，這是因為我們不

斷地將資料傳送到下一層進行運算，導致在**長時間的運算後，最初的序列資訊被稀**
**釋掉**。

## 4·2 LSTM（Long short-term memory）

　　爲了解決前面提到的循環神經網路中遭遇的問題，LSTM 模擬人類記憶中的「選
擇性記憶」和「遺忘機制」等兩種機制，而人類的記憶模式大致可分爲「長期記憶」
和「短期記憶」兩種，短期記憶能在短時間內儲存和處理訊息，而長期記憶則負責
保存長期重要的訊息。

　　爲了模擬長短期記憶的模式，LSTM 在原有的循環神經網路架構上，新增「遺忘
門」（Forget Gate）、「輸入門」（Input Gate）、「記憶單元」（Cell State）及「輸
出門」（Output Gate）等幾個單元，以下將依序介紹這些單元所扮演的角色與其數
學公式。

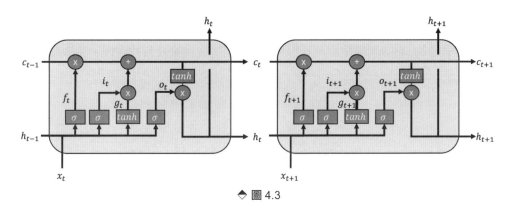

◆ 圖 4.3

##  記憶單元（Cell State）

在 LSTM 中，最重要的部分就是「記憶單元」，記憶單元負責儲存訊息，類似於人類大腦儲存長期記憶的方式。該單元的目的是在所有的 LSTM 單元中保留重要的資訊，因此該單元主要進行「更新」與「丟棄」兩個主要動作。我們先看以下的公式：

$$c_t = f_t \odot c_{t-1} + i_t \odot g_t$$

公式 4.4

在上述的公式中，我們可以看到 $\odot$ 這個符號，該符號表示「阿達瑪乘積」（Hadamard Product），其計算方式是將兩個矩陣中對應位置的元素相乘，形成一個新的矩陣，因此對於 $c_t$，我們可以拆解成兩個部分，分別是丟棄資料的部分 $f_t \odot c_{t-1}$ 和更新資料的部分 $i_t \odot g_t$。

##  遺忘門（Forget Gate）

「遺忘門」是控制哪些訊息應該被記憶單元遺忘，這類似於人類選擇性遺忘不再重要的訊息，避免記憶過載，而遺忘門的基本操作是基於目前的輸入 $x_t$ 和上一個時間步的隱藏狀態 $h_{t-1}$ 來計算的，它會生成一個與記憶單元 $c_t$ 大小相等的向量 $f_t$，其值將會透過 sigmoid 函數縮放至 0 和 1 之間，以達成拋棄資料的操作。其數學公式如下：

$$f_t = \sigma(W_{if}x_t + b_{if} + W_{hf}h_{t-1} + b_{hf})$$

公式 4.5

這裡 $f_t$ 的大小決定了哪些訊息需要被保留（值接近於 1）、哪些訊息需要被遺忘（值接近於 0），並透過公式 4.4 中的丟棄公式，從而確定哪些訊息將被傳遞到下一個時間步。

##  候選記憶單元（Candidate Cell State）

在資料更新的部分，LSTM 會先選出候選記憶單元，其目的是生成潛在的新訊息。我們知道在循環神經網路中，若要將資料傳遞到下一個單元，需要透過 tanh 來計算這些輸出的分布狀態，因此候選記憶單元的公式如下：

$$g_t = tanh(W_{ig}\, x_t + b_{ig} + W_{hg}\, h_{t-1} + b_{hg})$$ 　　公式 4.6

 在時間序列模型中，所有運算都是透過目前的輸入 $x_t$ 和前一個隱藏狀態 $h_{t-1}$ 進行，以獲得新的資訊。根據功能的不同，會選用不同的激勵函數，若是為了進行篩選，通常會使用 sigmoid 函數；若是需要計算資料分布，則可能會使用 tanh 函數。

##  輸入門（Input Gate）

雖然我們剛才已經生成了新的候選記憶狀態，但最終是否更新到記憶單元中，取決於輸入門的結果。輸入門的作用是模擬人類在接收新訊息時，對其重要性進行評估，以決定是否將其存儲到長期記憶中，因此在更新記憶單元時，輸入門會與候選記憶單元進行阿達瑪乘積運算，這樣可以更精細控制訊息的流入。

$$i_t = \sigma(W_{ii}\, x_t + b_{ii} + W_{hi}\, h_{t-1} + b_{hi})$$ 　　公式 4.7

記憶單元更新方式分為「候選記憶單元」與「輸入門」兩個部分，主要目的是提高模型的靈活性和穩定性，確保重要訊息不會被遺忘，讓 LSTM 在處理時間序列資料時能夠表現得更加穩健和高效。

## 輸出門（Output Gate）

當 LSTM 的記憶單元更新完畢後，接下來就能進行模型的輸出。這裡**由輸出門決定從記憶單元中提取哪些資訊並將其輸出**，這一過程類似於人類在需要時，會從長期記憶中提取訊息。與傳統的循環神經網路相似，我們需要先計算出 $o_t$，才能計算出目前時間步的隱藏狀態 $h_t$，其數學公式如下：

$$o_t = \sigma(W_{io} x_t + b_{io} + W_{ho} h_{t-1} + b_{ho})$$

公式 4.8

 ## 隱藏狀態（Hidden State）

在剛才的公式中，我們發現激勵函數依然使用 sigmoid，這意味著輸出門在決定模型的輸出結果時，還需要有其他資料與其進行運算。為了將模型的最佳結果傳遞到下一個單元，我們會使用 $c_t$ 與其進行運算，但我們需要注意到 $c_t$ 的數值經過多個 LSTM 單元的計算後，可能會變得較大，因此在使用 $c_t$ 時，必須加入 tanh 函數來縮放數值。

$$h_t = o_t \odot tanh(c_t)$$

公式 4.9

經過上面的計算結果，我們將可以算出 LSTM 的下一個隱藏狀態 $h_t$，此時我們可以將 $h_t$ 代入公式 4.3 中，從而完成二元分類的輸出。在這個過程中，你可能會發現 LSTM 的構造其實是在重複相似的步驟，不是計算機率分布，就是選擇被丟棄的數值，因此我將相似的功能整理成一個表格，以幫助你記住模型的公式與構造。

| 名稱 | 功能說明 | 數學公式 | 激勵函數 |
|---|---|---|---|
| 遺忘門 | 決定遺忘哪些訊息。 | $f_t = \sigma(W_{if} x_t + b_{if} + W_{hf} h_{t-1} + b_{hf})$ | sigmoid |
| 輸入門 | 決定增加哪些新的訊息。 | $i_t = \sigma(W_{ii} x_t + b_{ii} + W_{hi} h_{t-1} + b_{hi})$ | sigmoid |

| 名稱 | 功能説明 | 數學公式 | 激勵函數 |
|------|----------|----------|----------|
| 候選記憶單元 | 生成潛在的新訊息。 | $g_t = tanh(W_{ig} x_t + b_{ig} + W_{hg} h_{t-1} + b_{hg})$ | tanh |
| 記憶單元 | 更新記憶單元狀態。 | $c_t = f_t \odot c_{t-1} + i_t \odot g_t$ | - |
| 輸出門 | 決定輸出哪些訊息。 | $o_t = \sigma(W_{io} x_t + b_{io} + W_{ho} h_{t-1} + b_{ho})$ | sigmoid |
| 隱藏狀態 | 計算最終的隱藏狀態和輸出。 | $h_t = o_t \odot tanh(c_t)$ | tanh |

# 4·3 GRU（Gated Recurrent Unit）

LSTM 雖然提供了強而有力的效能，但其運算公式非常複雜，**導致運算速度比傳統循環神經網路慢了許多**，因此在處理大量資料時，往往會耗費相當長的時間。

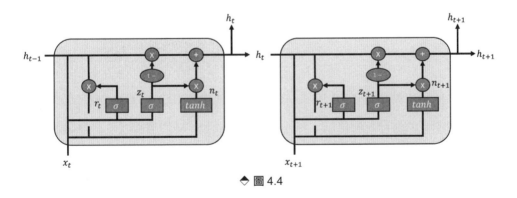

◆ 圖 4.4

為了加速 LSTM 的運算速度，GRU（門控循環單元）應運而生，該模型透過**簡化** LSTM 的複雜公式，在維持效能的同時提升了計算速度，具體作法是移除了 LSTM

的輸出門與記憶單元，並將其餘相似架構整合在一起，以簡化運算過程，進而加快訓練速度，現在讓我們看看該模型是如何執行的。

 # 更新門（Update Gate）

「更新門」（Update Gate）決定了每一時間步隱藏狀態 $h_t$ 的保留和更新，主要功能是控制目前隱藏狀態 $h_t$ 中哪些訊息應該保留，哪些應該從新訊息中更新。

$$z_t = \sigma(W_{iz} x_t + b_{iz} + W_{hz} h_{t\text{-}1} + b_{hz})$$

公式 4.10

當 $z_t$ 接近 1 時，代表會保留更多的前一時間步訊息；當 $z_t$ 接近 0 時，則表示更新更多的目前時間步訊息。GRU 就是透過這種方式，來代替輸入門與候選記憶單元來更新 GRU 的隱藏狀態 $h_t$，這種方式在 GRU 中的作用是平衡歷史訊息與新訊息。

# 重置門（Reset Gate）

「重置門」（Reset Gate）在 GRU 中的主要作用是控制前一時間步的隱藏狀態 $h_{t\text{-}1}$ 在生成目前候選隱藏狀態 $n_t$ 時的影響力，它的功能是決定生成新的候選隱藏狀態時，應該忘記多少來自前一時間步 $h_{t\text{-}1}$ 的資訊。

$$r_t = \sigma(W_{ir} x_t + b_{ir} + W_{hr} h_{t\text{-}1} + b_{hr})$$

公式 4.11

重置門的出現就是代替 LSTM 中的遺忘門，透過重置門 $r_t$，GRU 能夠選擇性丟棄前一時間步的隱藏狀態訊息，唯一的差別在於 LSTM 的重置門是針對記憶單元 $c_t$，而 GRU 則是針對上一時間步的隱藏狀態 $h_{t\text{-}1}$。

# 候選隱藏狀態（Candidate Hidden State）

在更新門與重置門的部分，都是使用 sigmoid 將其縮放至 0-1，因此我們還需要將這兩個門控單元與兩個有機率分布的資料相乘，對於重置門來說，這是為了算出

上一時間步的隱藏狀態 $h_{t-1}$ 需被丟棄的資料。對於候選隱藏狀態 $n_t$，我們能用以下公式表示：

$$n_t = tanh(W_{in} x_t + b_{in} + r_t \odot (W_{hn} h_{t-1} + b_{hn}))$$
公式 4.12

##  隱藏狀態（Hidden State）

在更新門的部分，模型需要哪一步的訊息是由更新門來決定的，因此對於更新公式來說，我們只需要 $1-z_t$ 與 $z_t$ 來決定選擇候選隱藏狀態 $n_t$、還是先前的隱藏狀態 $h_{t-1}$ 爲更重要的資料。

$$h_t = (1 - z_t) \odot n_t + z_t \odot h_{t-1}$$
公式 4.13

我們可以看到 GRU 對於上一個時間步的隱藏狀態 $h_{t-1}$ 進行了多次運算，無論是在候選隱藏狀態還是隱藏狀態中，都能看到它被重複運用，這樣的設計通常是爲了防止更新門無法有效控制資料的流動，因此在計算候選隱藏狀態 $n_t$ 時，會將上一個隱藏狀態 $h_{t-1}$ 與目前隱藏狀態 $h_t$ 的資訊融合在一起，以防止遺忘過多的過去資料。

# 4·4　程式實作：IMDB 影評情緒分析

在上一小節中，我們已經成功建立了訓練器，而在本小節中，我們將利用 IMDB 影評資料和時間序列模型進行情緒分析，現在讓我們看看如何使用 Pytorch 來處理情緒分析資料，並建立 LSTM 模型。

**01** 準備 IMDB 資料集。

　　IMDB 情緒分析資料集是 NLP 領域中的入門基石，該資料集從 IMDB 網站抽取的電影評論，並以正面（positive）或負面（negative）方式標註。它包含 50,000 條電影評論，其中 25,000 條用於訓練與驗證，另外 25,000 條則用於測試，要獲得這些資料，可以前往官方網站（ URL https://ai.stanford.edu/~amaas/data/sentiment/ ）。

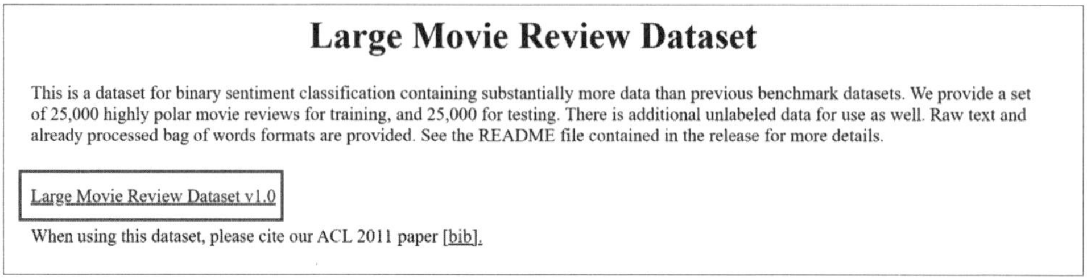

## Large Movie Review Dataset

This is a dataset for binary sentiment classification containing substantially more data than previous benchmark datasets. We provide a set of 25,000 highly polar movie reviews for training, and 25,000 for testing. There is additional unlabeled data for use as well. Raw text and already processed bag of words formats are provided. See the README file contained in the release for more details.

Large Movie Review Dataset v1.0

When using this dataset, please cite our ACL 2011 paper [bib].

◆ 圖 4.5

　　首先訪問網站，並找到「Large Movie Review Dataset v1.0」的連結，點選此連結後，選擇下載「aclImdb_v1.tar.gz」資料集。下載完成後，使用解壓縮軟體，將其解壓至 aclImdb 檔案夾中，其結構如下：

```
aclImdb/
|
├──── test/
|     ├──── neg/
|     └──── pos/
|
└──── train/
      ├──── neg/
      ├──── pos/
      └──── unsup/
```

這些檔案的儲存方式是用 txt 檔案，這導致我們在載入資料時必須多次開檔關檔，延長了讀取資料的時間，因此格式不方便重複使用，為了解決這個問題，我們需要撰寫一個函數，將這些資料轉換為 CSV 檔案，以方便訓練和測試。

```python
import pandas as pd
import os

def convert_IMDB_to_csv(directory, csv_file_path):
    data = []
    labels = []
    for label in ['pos ', 'neg ']: # 讀取標籤資料
        for subset in ['train ', 'test ']: # 讀取訓練和測試資料
            path = f"{directory}/{subset}/{label}"
            for file in os.listdir(path):
                if file.endswith(".txt"): # 判斷結尾是 .txt，才能讀取資料
                    with open(f '{path}/{file} ', 'r ', encoding= 'utf-8 ') as f:
                        data.append(f.read()) # 加入文字資料
                        labels.append('positive ' if label == 'pos '
else  'negative ') # 根據資料夾名稱轉換標籤
    df = pd.DataFrame({ 'review ': data, 'sentiment ': labels})
    df.to_csv(csv_file_path, index=False) # 加入 index=False，避免 DataFrame
產生預設的索引欄位

convert_IMDB_to_csv( 'aclImdb ', 'imdb_data.csv ')
```

 在教材中，我已經將資料轉換成 CSV 檔案，因此如果你不想下載該檔案，可以跳過此步驟，直接從下一個步驟開始。

**02** 固定隨機亂數。

在深度學習的模型中，初始權重和一些運算採用隨機方式，這增加了模型的隨機性，以提升訓練效果，然而這也使得訓練過程難以預測，為了更有效比較模型，我們可以固定隨機數種子，如此我們可以確保每次訓練的輸出是一致的，從而更準確評估模型的效能。

```python
import torch
import numpy as np
import random


def set_seeds(seed):
    random.seed(seed)   # 設定 Python 標準庫的亂數生成器種子
    np.random.seed(seed)   # 設定 NumPy 亂數生成器種子
    torch.manual_seed(seed)   # 設定 PyTorch 的 CPU 亂數生成器種子
    if torch.cuda.is_available():
        torch.cuda.manual_seed(seed)   # 設定 PyTorch 在單個 GPU 上的亂數種子
        torch.cuda.manual_seed_all(seed) # 設定 PyTorch 在所有 GPU 上的亂數種子
    torch.backends.cudnn.benchmark = False   # 禁用 cuDNN 的基準測試功能
    torch.backends.cudnn.deterministic = True   # 強制 cuDNN 使用確定性演算法


set_seeds(2526)
```

**03** 重新讀取資料集。

由於我們轉換資料後，建立了「review」和「sentiment」這兩個欄位，而 review 是模型的輸入資料，sentiment 是輸出標籤，因此我們可以使用 pandas 函式庫來讀取這些訓練資料。

```python
import pandas as pd

# 讀取 CSV 資料
```

```
df = pd.read_csv( 'imdb_data.csv ')

# 讀取文章與情緒欄位
reviews = df[ 'review '].values
sentiments = df[ 'sentiment '].values

# 將情緒資料轉換成數字資料
labels = (sentiments ==  'positive ').astype( 'float32 ')
print(labels)
# ----------------- 輸出 -----------------
[1. 1. 1. ... 0. 0. 0.]
```

這裡我們可以看到，我們將 Label 轉換為 float，是因為我們使用的損失函數為二元交叉熵損失，如果不進行轉換，Pytorch 會將其視為 int，而在計算損失值的過程中會出現小數點，這樣就會導致運算錯誤。

**04** 建立 Tokenizer。

由於我們的評論資料非常多，使用空白斷詞法甚至可以斷詞出 40 萬個 Token，因此若使用 BEP Tokenizer 可能需要數小時的計算，為了簡化該過程，我們這次選擇 Hugging Face 開源的 Tokenizer，來幫助我們處理這些 Token。

```
# 讀取別人使用 BPE 斷詞所建立的 Tokenizer
from transformers import AutoTokenizer

tokenizer = AutoTokenizer.from_pretrained( "bert-base-uncased")
input_datas = tokenizer(reviews[:2].tolist(), max_length=10, truncation=
True, padding="longest", return_tensors= 'pt ')

# 觀看結果
print( 'Tokenizer 輸出 : ')
print(input_datas)
```

```
print( '還原文字：')
print(tokenizer.decode(input_datas[ 'input_ids '][0]))
print(tokenizer.decode(input_datas[ 'input_ids '][1]))
# ----------------- 輸出 -----------------
Tokenizer 輸出：
{
    'input_ids ': tensor([
        [  101, 22953,  2213,  4381,  2152,  2003,  1037,  9476,  4038,
102],
        [  101, 11573,  2791,  1006,  2030,  2160, 24913,  2004,  2577,
102]
    ]),

    'token_type_ids ': tensor([
        [0, 0, 0, 0, 0, 0, 0, 0, 0, 0],
        [0, 0, 0, 0, 0, 0, 0, 0, 0, 0]
    ]),

    'attention_mask ': tensor([
        [1, 1, 1, 1, 1, 1, 1, 1, 1, 1],
        [1, 1, 1, 1, 1, 1, 1, 1, 1, 1]
    ])
}

還原文字：
[CLS] bromwell high is a cartoon comedy [SEP]
[CLS] homelessness ( or houselessness as george [SEP]
```

　　而 在 Hugging Face 的 Tokenizer 中， 通 常 會 回 傳 三 個 參 數：input_ids、
attention_mask 和 token_type_ids。在下表中，我統整出了這些參數實際的作
用與說明。

| 參數名 | 說明 |
|---|---|
| input_ids | 代表詞彙表中詞彙索引的列表，即文字本身。 |
| attention_mask | 是一個與 input_ids 長度相同的列表，包含 0 和 1 的值。1 表示需要關注的詞彙，0 表示應忽略的詞彙（如填充詞）。 |
| token_type_ids | 用於區分不同的句子或文字片段。對於只有一個句子的情況，這個列表的所有值通常為 0；對於有兩個句子的情況，第一個句子的值為 0，第二個句子的值為 1。這些 ID 在處理句子對（如問答系統中的問題和答案對）時特別有用，可以幫助模型理解哪些詞彙屬於哪個句子。 |

**05** 建立 Pytorch DataLoader。

　為了能夠進行批量運算，我們通常會使用 `Dataloader` 類別進行處理。**該類別除了能夠批量運算之外，還能夠隨機打亂資料，讓模型在每個週期中學習到不同的資料順序。**在非 Windows 環境中，它甚至可以並行處理資料，以增加處理速度。為了達成這些目的，我們可以先建立一個 `Dataset` 類別，使其能夠被 `Dataloader` 類別迭代出資料。

```python
from torch.utils.data import Dataset, DataLoader
from sklearn.model_selection import train_test_split

class IMDB(Dataset):
    def __init__(self, x, y, tokenizer):
        self.x = x
        self.y = y
        self.tokenizer = tokenizer

    def __getitem__(self, index):
        return self.x[index], self.y[index]

    def __len__(self):
        return len(self.x)
```

在上述程式中，可以看到 \_\_getitem\_\_ 與 \_\_len\_\_ 這兩個方法，在 Python 中，只要是雙底線「\_\_」開頭和結尾的方法，都被稱爲「魔術方法」（Magic Method）。這兩個魔術方法的作用是，讓 DataLoader 類別先透過 \_\_getitem\_\_ 方法進行迭代來取得相對應的資料，並當達到 \_\_len\_\_ 方法所設定的上限時停止迴圈。

不過，在 NLP 任務中，**輸入的文字序列通常是不等長的，因此常需要進行填補操作**，爲了在 Dataset 中進行填補，需要將每個序列都填補至最大序列長度，這不僅會增加訓練時間，最好能有一個動態填補的方式。爲此，我們需要修改 Dataloader 中的 collate_fn 函數，這裡我將 collate_fn 定義在 Dataset 當中，使其能夠在初始化 Dataset 時，就將 Tokenizer 傳入到 collate_fn 中。

```
def collate_fn(self, batch):
    batch_x, batch_y = zip(*batch)
    input_ids = self.tokenizer(batch_x, max_length=512, truncation=True,
padding="longest", return_tensors= 'pt ').input_ids[:,1:-1] # 移除 [CLS] 與
[SEP] 標籤
    labels = torch.tensor(batch_y)
    return { 'input_ids ': input_ids,  'labels ': labels}
```

這裡我們將輸入的最大長度設定爲 512 個 Token，超出的部分會直接截斷；未滿批次的序列，則會加入特殊 Token [PAD]，以補足到相同長度，然後轉換成 PyTorch 的張量（Tensor）格式，接著我們會在 inputs 字典中加入相對應的 labels 標籤。

在實體化 DataLoader 之前，我們需要先使用 train_test_split 按照 8：2 的比例，將資料分割成「訓練集」和「驗證集」，然後將對應的資料置入 Dataset 中，這時我們才能實體化 DataLoader。爲了使每次迭代後的資料順序重新打亂，我們將 shuffle 參數設定爲「True」，避免模型在每個週期內學習到相同的結果。

此外，為了加速資料從 CPU 傳輸到 GPU 的過程，我們設定 pin_memory=True，如此 DataLoader 會將資料預先鎖定在頁面固定記憶體（Pinned Memory）中，意味著資料會始終駐留在實體記憶體（Physical Memory）中，從而加快資料傳輸速度。

```
# 分割資料集
x_train, x_valid, y_train, y_valid = train_test_split(reviews, labels,
train_size=0.8, random_state=46, shuffle=True)

# 建立 Dataset
trainset = IMDB(x_train, y_train, tokenizer)
validset = IMDB(x_valid, y_valid, tokenizer)

# DataLoader
valid_loader = DataLoader(validset, batch_size=32, shuffle=True, num_workers=
0, pin_memory=True, collate_fn=validset.collate_fn)
train_loader = DataLoader(trainset, batch_size=32, shuffle=True, num_workers=
0, pin_memory=True, collate_fn=trainset.collate_fn)
```

## 06 建立時間序列模型。

在本章中，我們將建立 RNN、LSTM 和 GRU 三個時間序列模型。由於它們具有相似的結構，我們只需要從 torch.nn 中呼叫相應的類別即可。

我們使用 bidirectional=True 這個參數，該參數表示時間序列模型是否要進行雙向運算。如果這個參數設定為「True」，意味著每一個輸入序列都會經過兩個 LSTM 層，一個是前向 LSTM，另一個是後向 LSTM。這兩個 LSTM 層將會分別產生各自的隱藏狀態，然後將它們連結（Concatenate）在一起作為最終的輸出，因此當我們設定這個參數為 True 時，隱藏狀態特徵的數量將會是原來的兩倍。

同時，我們可以發現經過時間序列模型的輸出，會回傳 output 和 h_n 變數，output 是所有時間步的隱藏狀態輸出，在設定 batch_first=True 和

bidirectional=True 的情況下，其資料維度是 (batch_size, time_step, hidden_size * 2)。h_n 代表最後一個時間步的運算（在 LSTM 中，則是 $c_t$ 的輸出），其資料維度為 (1 * 2, batch_size, hidden_size)，分別來自兩個時間序列模型。

 在 GRU 與 RNN 中，兩者的輸出格式有所不同；而在 LSTM 中，輸出的 $c_t$ 需要經過 tanh 和 $o_t$ 的運算，才能得出真正的 $h_n$，因此最簡單的作法就是直接取出 output 參數中的最後一個時間步資料。

```python
import torch.nn as nn
import torch.optim as optim

class TimeSeriesModel(nn.Module):
    def __init__(self, vocab_size, embedding_dim, hidden_size, padding_
idx, num_layers=1, bidirectional=True, model_type= 'LSTM '):
        super().__init__()
        self.criterion = nn.BCELoss() # 定義損失函數
        self.embedding = nn.Embedding(vocab_size, embedding_dim, padding_
idx=padding_idx)

        # 切換模型
        rnn_models = { 'LSTM ': nn.LSTM,  'GRU ': nn.GRU,  'RNN ': nn.RNN}
        self.series_model = rnn_models.get(model_type, nn.LSTM) (
            embedding_dim,
            hidden_size,
            num_layers=num_layers,
            bidirectional=bidirectional,
            batch_first=True
        )

        # 如果是雙向運算，則最終的 hidden state 會變成 2 倍
        hidden = hidden_size * 2 if bidirectional else hidden_size
```

```
        self.fc = nn.Linear(hidden, 1)
        self.sigmoid = nn.Sigmoid()


    def forward(self, **kwargs):
        # 取得輸入資料
        input_ids = kwargs['input_ids']
        labels = kwargs['labels']
        # 轉換成詞嵌入向量
        emb_out = self.embedding(input_ids)
        # 時間序列模型進行運算
        output, h_n = self.series_model(emb_out)
        # output: (batch_size, seq_len, hidden_size * 2)
        h_t = output[:, -1, :]
        # h_t: (batch_size, 1, hidden_size * 2)
        y_hat = self.sigmoid(self.fc(h_t))
        # h_t: (batch_size, 1)


        # 回傳 loss 與 logit
        return self.criterion(y_hat.view(-1), labels), y_hat
```

最後，我們只需要設定相關參數，這裡我們將詞嵌入層的大小設定為「50」，時間序列模型的大小設定為「32」，然後我們使用 torch.device 判斷 PyTorch 版本是否支援 GPU，如果支援的話，我們將模型和資料放入 GPU 中。

```
device = torch.device('cuda' if torch.cuda.is_available() else 'cpu')
# 建立模型，並將其移動到適當的設備上
model = TimeSeriesModel(
    vocab_size=len(tokenizer),
    embedding_dim=50,
    hidden_size=32,
    model_type='LSTM',
    padding_idx=tokenizer.pad_token_id
).to(device)
```

```
# 定義優化器
optimizer = optim.Adam(model.parameters(), lr=1e-3)
```

**07** 開始訓練模型。

　　當我們定義好模型後，就能開始使用 3.3 小節所建立的訓練器。我們將 3.3 小節的程式碼命名爲「trainer.py」，並放置在同一個路徑下，以確保能夠正常使用。由於我們使用了「提前停止」（Early Stopping）策略，因此可以將訓練的 Epoch 數設爲較大值，當模型在連續 10 個 Epoch 沒有進步時，訓練便會停止。

```
from trainer import Trainer
trainer = Trainer(
    epochs=100,
    train_loader=train_loader,
    valid_loader=valid_loader,
    model=model,
    optimizer=optimizer,
    device=device
)
trainer.train(show_loss=True)
# ------------------ 輸出 ------------------
Train Epoch 16: 100%|███████████████| 1250/1250 [00:18<00:00, 67.86it/s,
loss=0.195]
Valid Epoch 16: 100%|███████████████| 313/313 [00:03<00:00, 94.60it/s,
loss=0.839]
Train Loss: 0.10838| Valid Loss: 0.65203| Best Loss: 0.45769
```

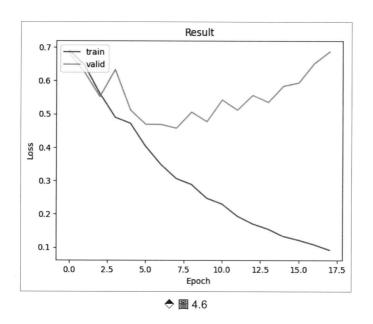

◆ 圖 4.6

**08** 優化模型。

　　從剛才訓練的損失結果來看，我們的模型在只訓練了幾個週期後，就產生過度擬合的問題，這一點明顯有改善的空間，我們可以從資料集的改善方面來考慮，**對於情緒分析而言，每個文字所表達的意思可能非常相近，導致模型難以泛化，因此我們可以透過引入 L2 正規化來解決這個問題。**

　　在 Pytorch 中，使用 L2 正規化，我們只需要設定優化器中的 `weight_decay` 參數，即可進行調整，這時我們可以看到損失值變得更穩定一些，並且在最佳損失值上，也取得了更好的結果。

```
# 初始化模型與優化器
model = TimeSeriesModel(
    vocab_size=len(tokenizer),
    embedding_dim=50,
    hidden_size=32,
    model_type= 'LSTM ',
```

```
    padding_idx=tokenizer.pad_token_id
).to(device)
optimizer = optim.Adam(model.parameters(), lr=1e-3, weight_decay=0.001)

# 開始訓練
trainer = Trainer(
    epochs=100,
    train_loader=train_loader,
    valid_loader=valid_loader,
    model=model,
    optimizer=[optimizer],
)
trainer.train(show_loss=True)
# ---
Train Epoch 24: 100%|██████████████| 1250/1250 [00:18<00:00, 67.49it/s,
loss=0.246]
Valid Epoch 24: 100%|██████████████| 313/313 [00:03<00:00, 94.75it/s,
loss=0.506]
Train Loss: 0.20667| Valid Loss: 0.45260| Best Loss: 0.39940
```

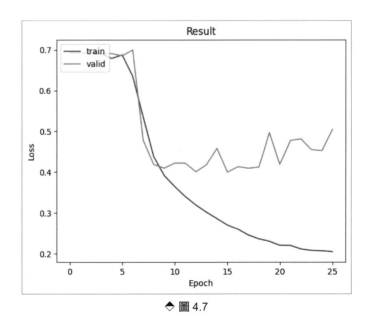

◆ 圖 4.7

**09** 驗證模型準確率。

　　最後，讓我們將重新讀取模型損失值最低的權重 model.ckpt 這個檔案，並使用
驗驗證集，以檢查模型最終的成效。

```
# 讀取最佳的模型
model.load_state_dict(torch.load( 'model.ckpt '))
# 切換成評估模式
model.eval()

total_correct = 0
total_samples = 0

with torch.no_grad():
    for input_data in valid_loader:
        input_datas = {k: v.to(device) for k, v in input_data.items()}
        _, logit = model(**input_datas)

        pred = (logit > 0.5).long()    # 將布林值轉換為整數(0或1)
        labels = input_datas[ 'labels ']

        total_correct += torch.sum(pred.view(-1) == labels).item()
        total_samples += labels.size(0)

accuracy = total_correct / total_samples
print(f 'Validation Accuracy: {accuracy*100:.3f} % ')
# ---
Validation Accuracy: 82.540 %
```

　　這時我們發現IMDB資料集在經過10000筆資料的驗證後，依然能保持82.54%
的準確率，這個結果顯示出我們使用非常小的參數量，就能在情緒分析任務上取得
良好的成效，還證明了LSTM在處理文字上是一種有效的方法。

# 4·5 本章總結

　　本章主要介紹循環神經網路（RNN）及其擴展模型，如長短期記憶網路（LSTM）和門控循環單元（GRU），並強調這些模型在處理序列資料中的應用與優勢。透過詳細解釋 RNN 的基本概念以及其在長序列資料中遇到的梯度消失問題，我們進一步探討了 LSTM 和 GRU 如何透過記憶和遺忘機制有效解決這些問題。最後，透過 IMDB 影評情緒分析的實作案例，展示如何使用 PyTorch 建立和訓練這些模型，使你更能掌握相關技術，並應用於實際問題中，從而增強其在自然語言處理領域的能力。

# 5

# 該如何生成文字
# Seq2seq架構解析

在前面的章節中，我們已經理解了模型是如何進行分類的，現在來看看該怎樣組合這些時間序列模型，使其能夠協助生成我們想要的文字。在本章中，我們將探討在自然語言處理中重要的 Encoder 與 Decoder 架構。

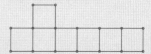

## 本章學習大綱

- **Seq2Seq 架構的設計原理**：深入解析 Seq2Seq 模型的設計原理，說明其在處理序列資料時的工作機制與應用場景，包括編碼器和解碼器的結構設計及其在機器翻譯、文字摘要等任務中的具體實現方法。

- **注意力機制的實際應用**：探討注意力機制（Attention）在各種深度學習任務中的實際應用，展示其在提升模型效能方面的優勢，如改善翻譯品質、增強文字生成的連貫性，並提供在自然語言處理的具體應用案例。

- **中英翻譯模型實作**：詳述中英翻譯模型的實作步驟，從資料準備、模型建立到訓練過程，完整展示如何利用 Seq2Seq 模型與注意力機制，實現一個能夠準確進行中英翻譯的系統，並進行效能評估與優化。

## 本章程式碼教材

URL https://reurl.cc/WxeX5O

# 5·1　Seq2Sqe 介紹

Seq2Seq（Sequence to Sequence）是一種由多層時間序列模型所構成的模型架構，專門設計來處理文字生成任務，例如：機器翻譯和文字摘要。Seq2Seq 模型主要由「編碼器」（Encoder）和「解碼器」（Decoder）兩個部分組成。

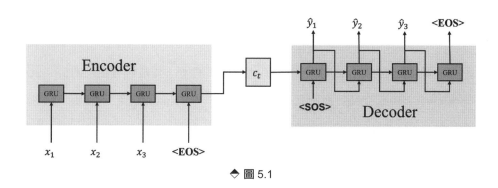

◆ 圖 5.1

## 🔷 編碼器（Encoder）

Encoder 的架構和第 4 章所訓練的模型相似，其輸出的結果可以代表模型對文字前後文關係的理解。在 Seq2Seq 模型中，Encoder 的最終隱藏狀態 $h_t$ 反映了模型對資料分布的狀況，因此也被稱為「上下文向量」（Context Vector）。上下文向量作為 Encoder 和 Decoder 之間的橋梁，承載了輸入序列的語義和結構訊息。

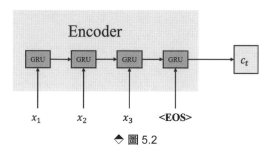

◆ 圖 5.2

在 Encoder 階段，由於生成的文字與輸入的文字長度往往不相等，我們需要透過一個特殊 Token <EOS>（End of Sequence）來讓 Encoder 學習到文字的結尾，並將這訊息傳遞給 Decoder，使模型知道何時停止生成文字。**如果沒有 EOS 標記，模型可能會無限生成詞彙，導致無法正確判斷何時該結束輸出序列**，而對於其生成的上下文向量，我們可以用以下數學式表示：

$$c_t^e = GRU(x_t, h_{t-1})$$

公式 5.1

 ## 解碼器（Decoder）

在 Seq2Seq 架構中，Decoder 的角色是產生目標序列，生成過程由 <SOS>（Start of Sequence）特殊 Token 為起點，直到遇到 <EOS> Token 結束。<SOS>Token 的目的在於告訴 Decoder 生成過程應該從這邊開始，確保每次生成序列的起點一致，有助於模型更好地學習序列的結構和模式。

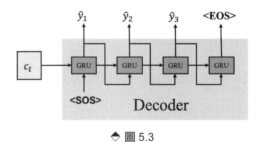

◆ 圖 5.3

而 Decoder 的運算方式是將 Encoder 的上下文向量 $c_t^e$ 作為其初始隱藏狀態 $h_0^d$，計算出下一個序列的 Decoder 隱藏狀態 $h_t^d$。其數學表示如下：

$$h_t^d = GRU(\hat{y}_{t-1}, h_{t-1}^d)$$

公式 5.2

其中，$\hat{y}_t$ 代表生成的目標 Token，而 $h_t^d$ 則是 Decoder 所對應的生成目標文字機率分布狀態，同時我們還需要從目標文字中尋找出現機率最高的結果。為此，我們需要透過一層線性分類器，並對其進行 softmax 激勵函數運算。

$$z = Wh_t^d + b \qquad \text{公式 5.3}$$

$$\hat{y} = softmax(z) = \frac{\exp(z)}{\sum_{i=1}^{N} \exp(z_i)} ) \qquad \text{公式 5.4}$$

---

> **QUICK TIPS** 在二元分類時，輸出通常會使用 sigmoid 函數和二元交叉熵損失（BCE Loss）函數，但對於多類別分類任務，則會使用 softmax 或 log softmax 作為激勵函數，損失函數會選擇交叉熵損失（Cross Entropy Loss）或負對數似然損失（NLL Loss）。

---

# 5·2 Seq2Sqe + Attention

儘管 Seq2Seq 效果不錯，但存在著一個隱患，**即一個上下文向量無法有效捕捉所有重要訊息**，因爲 Seq2Seq 架構中，只透過一個上下文向量傳遞所有 Encoder 的訊息給 Decoder，當資料量越來越大的時候，這時一個上下文向量難以負荷所有 Encoder 所理解的內容，這是導致 Decoder 生成效果變差的主要原因。

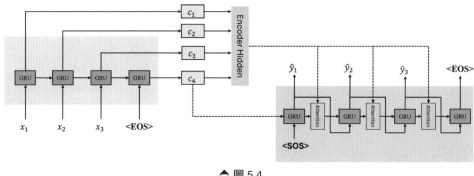

◆ 圖 5.4

為了解決這些問題，研究人員提出了注意力機制（Attention），該方法透過將 Encoder 的每一個時序的上下文向量 $c_t^e$ 傳遞給 Decoder，使 Decoder 獲得更多訊息，並在每個時序動態找尋最合適的上下文向量，從而改善生成效果。

而在加入 Attention 的架構中，第一步是找出哪一個上下文向量 $c_t^e$ 與 Decoder 隱藏狀態 $h_t^d$ 最合適。經典的作法是使用 Bahdanau Attention 演算法，其演算法首先需要計算兩者之間的資料分布狀態 $o_t$，數學表示如下：

$$o_{ti} = tanh(W_{ea}c_t^e + W_{da}h_{i-1}^d + b_{ea} + b_{da})$$   公式 5.5

接下來，透過一層線性分類器並對其進行 softmax 計算注意力權重 $a_{ij}$，其數學表示如下：

$$e_{ti} = (W_a o_{ti} + b_a)$$   公式 5.6

$$a_{ti} = softmax(e_{ti}) = \frac{\exp(e_{ti})}{\sum_{i=1}^{N} \exp(e_{tj})}$$   公式 5.7

注意力權重 $a_{ij}$ 會產生一個與上下文向量長度相等的機率表。我們將每一個上下文向量與注意力權重 $a_{ij}$ 相乘並加總，當注意力權重 $a_{ij}$ 越大時，對應的上下文向量 $c_t^e$ 會保留更多訊息，將這些向量加總起來，保留最重要的資訊。

$$c_t^d = a_{ti}c_t^e \qquad\qquad \text{公式 5.8}$$

接著，Decoder 下一個時序的隱藏狀態可以表示為：

$$h_t^d = GRU(\hat{y}_{t-1}, h_{t-1}^d, c_t^d) \qquad\qquad \text{公式 5.9}$$

而生成文字的機率 $\hat{y}$ 與之前相同，透過 softmax 激勵函數計算。透過以上計算流程，我們動態調整 Encoder 的隱藏狀態注意力權重，使 Decoder 可以產生更準確的序列輸出。

# 5·3　程式實作：中英翻譯模型

現在讓我們來實作一個 Seq2seq 架構，這次我會用 ManyThings.org（ URL https://www.manythings.org/anki/）中的中文與英文翻譯資料集作為範例，帶你理解如何進行語言翻譯。

**01** 轉換資料集為 CSV。

該資料集是儲存在一個 txt 檔案中，資料內容的左側是英文，右側是中文，格式如下所示：

```
Hi.     嗨。
Hi.     你好。
Run.    你用跑的。
Stop!   住手！
Wait!   等等！
Wait!   等一下！
Begin.   始
```

```
Hello!    你好。
I try.    我 。
I won!    我 了。
```

這些文字是透過「\t」這個特殊符號所隔開的，因此我們可以寫一個程式，將其整理成 CSV 格式，不過我們發現該資料集是簡體中文的資料，因此我們可以先透過 OpenCC 在讀取這些檔案時，將其轉換成繁體中文，以供後續模型訓練。

```python
import pandas as pd
from opencc import OpenCC

def convert_news_to_csv(data_path, csv_file_path):
    cc = OpenCC('s2tw') # 簡體轉繁體
    with open(data_path, 'r', encoding = "utf-8") as f:
        lines = f.read().split('\n')
        english, chinese = [], []
        for line in lines:
            if line:
                en, cn, _, = line.split('\t') # 資料是 \t 分割的
                english.append(en)

                chinese.append(cc.convert(cn))
    df = pd.DataFrame({'chinese':chinese, 'english':english})
    df.to_csv(csv_file_path)

convert_news_to_csv('cmn.txt', 'translate.csv')
```

**02** 重新讀取資料集。

這時我們將能夠取得重新整理後的 CSV 檔案，當然我在教材中也準備了轉換後的 CSV 檔案，因此你也可以直接透過下面的指令開始本次的程式內容：

```
df = pd.read_csv('translate.csv')
input_texts = df['chinese'].values
target_texts = df['english'].values
```

**03** 讀取中文與英文的 Tokenizer。

　　在這次的任務中，由於需要將中文轉換成英文，我們需要定義兩個 Tokenizer。
對於輸入的中文，我們需要使用**中文的** Tokenizer 來進行斷詞。而對於生成的英文
文字，則需要使用**英文的** Tokeinzer 來進行斷詞和還原。

```
from transformers import AutoTokenizer
def process_texts(tokenizer, texts):
    ids = tokenizer(texts[20]).input_ids
    return tokenizer.decode(ids)

src_tokenizer = AutoTokenizer.from_pretrained('bert-base-chinese')
tgt_tokenizer = AutoTokenizer.from_pretrained('bert-base-uncased')

cn_text = process_texts(src_tokenizer, input_texts)
en_text = process_texts(tgt_tokenizer, target_texts)

print(' 中文轉換後的結果 :',cn_text,'\n 英文轉換後的結果 :', en_text)
# ----------------- 輸出 -----------------
中文轉換後的結果 : [CLS] 嗨 。 [SEP]
英文轉換後的結果 : [CLS] hi. [SEP]
```

　　這裡我們可以先看看轉換前後的結果是否符合需求，這時可以發現輸出結果多出
了 [CLS] 與 [SEP] 這兩個 Token，這一點恰好與 Seq2seq 中所需的標籤相似，因
此我們可以把 [CLS] Token 當作是 <SOS>，[SEP] Token 當作是 <EOS>。

但要注意的是，由於 Seq2seq 中的 Encoder 與 Decoder 都需要 <EOS> 標籤，但在 Encoder 中卻不需要 <SOS> 標籤，因此我們應該在後續的 collate_fn 中將其標籤給移除。

**04** 建立 Pytorch DataLoader。

然而，我們在後續的模型定義中需要完成生成與訓練兩個功能，為了統一其寫法，我們先將 [CLS] 這一個 Token 移除，並在後續的 Decoder 模型中手動加入，因此對於 collate_fn 我們可以這樣撰寫：

```python
from torch.utils.data import Dataset, DataLoader
from sklearn.model_selection import train_test_split

class TranslateDataset(Dataset):
    def __init__(self, x, y, src_tokenizer, tgt_tokenizer):
        self.x = x
        self.y = y
        self.src_tokenizer = src_tokenizer
        self.tgt_tokenizer = tgt_tokenizer

    def __getitem__(self, index):
        return self.x[index], self.y[index]

    def __len__(self):
        return len(self.x)

    def collate_fn(self, batch):
        batch_x, batch_y = zip(*batch)
        inputs = self.src_tokenizer(batch_x, max_length=256, truncation=
True, padding="longest", return_tensors='pt').input_ids[:, 1:]
        targets = self.tgt_tokenizer(batch_y, max_length=256, truncation=
True, padding="longest", return_tensors='pt').input_ids
```

```
       return {'src_input_ids':inputs, 'tgt_input_ids': targets}
```

　　我們在這裡同樣使用 8：2 的方式來切割資料，但需要注意的是，一定要開啓 shuffle=True，因爲我們的資料是按照字元的長度排序的，如果不進行這樣的切割，就會導致訓練資料集中都是較短的文字，而驗證資料集中都是較長的文字，這種情況會讓訓練集與驗證集的資料分布不同，從而影響訓練的驗證指標準確性。

```
x_train, x_valid, y_train, y_valid = train_test_split(input_texts,
target_texts, train_size=0.8, random_state=46, shuffle=True)

trainset = TranslateDataset(x_train, y_train, src_tokenizer, tgt_tokenizer)
validset = TranslateDataset(x_valid, y_valid, src_tokenizer, tgt_tokenizer)

train_loader = DataLoader(trainset, batch_size = 64, shuffle = True, num_
workers = 0, pin_memory = True, collate_fn=trainset.collate_fn)
valid_loader = DataLoader(validset, batch_size = 64, shuffle = True, num_
workers = 0, pin_memory = True, collate_fn=validset.collate_fn)
```

**05** 建立 Encoder。

　　在 Seq2seq 的公式中，我們能發現其上下文向量公式與循環神經網路中的作法完全相同，不過這次我們需要輸出兩個參數，分別是所有時序的隱藏狀態 output 與最後一個時序的隱藏狀態 hidden，前者需要與 Attention 層進行運算，後者則是需要作爲 Decoder 的初始隱藏狀態。

```
import torch.nn as nn

class EncoderGRU(nn.Module):
    def __init__(self, vocab_size, hidden_size, padding_idx):
        super(EncoderGRU, self).__init__()
```

```
        self.embedding = nn.Embedding(vocab_size, hidden_size, padding_idx
=padding_idx)
        self.gru = nn.GRU(hidden_size, hidden_size, batch_first=True)
        self.dropout = nn.Dropout(0.1)

    def forward(self, token_ids):
        embedded = self.dropout(self.embedding(token_ids))
        #embedded: (batch_size, time_step, emb_dim)
        output, hidden = self.gru(embedded)
        # output: (batch_size, time_step, hidden_size * 2)
        # hidden: (2, batch_size, hidden_size)
        return output, hidden
```

> **QUICK TIPS** 在程式中，我會將重要的變數的輸出維度加入在註解中，因為在 Seq2seq 架構
> 有多個時間序列模型與線性層，使其模型的輸入與輸出會非常混亂，因此理解
> 其輸入與輸出維度是 seq2seq 架構中的關鍵之一。

**06** 建立 Attention。

在 Attention 中，我們需要利用 Encoder 的所有隱藏狀態與 Decoder 目前的隱藏狀態進行計算，因此我們需要傳入 Encoder 的輸出參數，並與 Decoder 目前的隱藏狀態進行運算，這整個過程實際上就是公式 5.5 到 5.8 的實際程式運用方式。

```
class BahdanauAttention(nn.Module):
    def __init__(self, hidden_size):
        super(BahdanauAttention, self).__init__()
        self.encoder_projection = nn.Linear(hidden_size, hidden_size)
        self.decoder_projection = nn.Linear(hidden_size, hidden_size)
        self.attention_v = nn.Linear(hidden_size, 1)
        self.tanh = nn.Tanh()
        self.softmax = nn.Softmax(dim=-1)
```

```
    def forward(self, encoder_hidden, decoder_hidden):
        energy = self.tanh(self.encoder_projection(encoder_hidden) + self.
decoder_projection(decoder_hidden)) # 公式 5.5
        #energy: (batch_size, time_step, hidden_size)
        scores = self.attention_v(energy) # 公式 5.6
        #scores: (batch_size, time_step, 1)
        scores = scores.squeeze(2).unsqueeze(1)
        #scores: (batch_size, 1, time_step)

        attention_weights = self.softmax(scores) # 公式 5.7
        # attention_weights (batch_size, 1, time_step)
        context_vector = torch.bmm(attention_weights, decoder_hidden) #
公式 5.8
        #context_vector: (batch_size, 1, hidden_size)
        return context_vector
```

　　我們要注意，由於最後的輸出 context_vector 是一個帶有單一時間訊息的特徵值，因此其輸出應為 (batch_size, 1, hidden_size)。為了維持其資料格式，我們必須將 scores 轉換成 (batch_size, 1, time_step)，這樣才能確保後續運算不會出錯。

 torch.bmm 是一個用於處理三維張量的矩陣演算法，必須保證第一維度 (batch_size) 相等，且其輸出結果為 (batch_size, 向量 A 的第二個維度, 向量 B 的第三個維度 )。

**07** 建立 Decoder。

　　在 Decoder 中，由於**每個時間序列單元只能輸入一個 Token**，因此輸入到 Decoder 詞嵌入層的向量會是 (batch_size, 1)，這種向量經過時間序列計算後，會產

生 (1, batch_size, hidden_size) 的資料格式，所以我們必須將其第一維度和第二維度進行互換，以符合 Attention 層的輸入格式。

```python
class DecoderGRU(nn.Module):
    def __init__(self, attention, hidden_size, output_size, padding_idx):
        super(DecoderGRU, self).__init__()
        self.embedding = nn.Embedding(output_size, hidden_size, padding_idx
=padding_idx)
        self.gru = nn.GRU(2 * hidden_size, hidden_size, batch_first=True)
        self.output_projection = nn.Linear(hidden_size, output_size)
        self.dropout = nn.Dropout(0.1)
        self.attention = attention

    def forward(self, encoder_outputs, decoder_hidden, decoder_input_ids):
        # decoder_input_ids: (batch_size, 1)
        embedded = self.dropout(self.embedding(decoder_input_ids))
        # embedded: (1, batch_size, emb_dim)
        decoder_state = decoder_hidden.permute(1, 0, 2)
        #decoder_state (batch_size, 1, emb_dim)
        context = self.attention(decoder_state, encoder_outputs)
        # (batch_size, 1, hidden_size)
        input_gru = torch.cat((embedded, context), dim=-1)
        # input_gru (batch_size, 1, hidden_size + emb_dim)
        output, decoder_hidden = self.gru(input_gru, decoder_hidden)
        # output: (batch_size, time_step, hidden_size)
        # decoder_hidden: (1, batch_size, hidden_size)
        decoder_output = self.output_projection(output)
        # decoder_output: (batch_size, 1, output_size)
        return decoder_output, decoder_hidden
```

當我們計算出上下文向量後，可以將該 Token 的詞嵌入特徵與其結合，因此在 Decoder 中，其隱藏狀態的大小將會變成「emb_dim + hidden_size」，這時我們將能透過時間序列模型計算後，就取得 Decoder 的下一個時序的隱藏狀態了。

**08** 建立 Seq2Seq 架構。

接下來，我們可以將這些神經網路整合成一個完整的 Seq2seq 架構。在 Encoder 中的作法與情緒分析時相同，但對於 Decoder 的部分，我們需要加入一個 <SOS> Token 來告訴模型該進行生成，因此這裡我們應該產生出與批量數相等的 <SOS> Token。

而在經由 <SOS> Token 產生下一個時序文字時，我們並不會將其作爲模型的下一個時序輸入，這是因爲在模型訓練時，若生成的序列與實際標籤不同，就容易出現一步錯步步錯的狀況，因此我們使用一種叫做「教師強制」（Teacher Forcing）的方式來進行訓練，該方式是**用真實目標文字來代替預測的文字作爲輸入**，使模型能夠更有效理解每一個時序生成的結果是否有誤。

```python
class Attentionseq2seq(nn.Module):
    def __init__(self, encoder, decoder, padding_idx):
        super(Attentionseq2seq, self).__init__()
        self.encoder = encoder
        self.decoder = decoder
        self.criterion = nn.NLLLoss(ignore_index=padding_idx)
        self.logsoftmax = nn.LogSoftmax(dim=-1)


    def forward(self, **kwargs):
        input_ids = kwargs['src_input_ids']
        targets = kwargs['tgt_input_ids']


        # Encoder
        encoder_outputs, decoder_hidden = self.encoder(input_ids)
        # encoder_outputs: (batch_size, time_step, hidden_size)
        # decoder_hidden: (1, batch_size, hidden_size)
        decoder_next_input = torch.empty(targets.shape[0], 1, dtype=torch.long).fill_(101).to(input_ids.device.type) # 加入 CLS token
        # decoder_next_input: (batch_size, 1)
```

```
        # Decoder
        decoder_outputs = []
        for i in range(targets.shape[1]):
            decoder_next_input, decoder_hidden = self.decoder(encoder_
outputs, decoder_hidden, decoder_next_input)
            # decoder_next_input: (batch_size, 1, hidden_size)
            # decoder_hidden: (1, batch_size, hidden_size)

            decoder_outputs.append(decoder_next_input)    # 儲存目前時序的文字
分布狀態
            decoder_next_input = targets[:, i].unsqueeze(1) # 取出下一個對應
的文字進行生成
            # decoder_next_input: (batch_size, 1)

        decoder_outputs = torch.cat(decoder_outputs, dim=1) # 完整的 Decoder
隱藏狀態
        # decoder_outputs: (batch_size, time_step, output_dim)
        decoder_outputs = self.logsoftmax(decoder_outputs)    # 計算各文字機率
        # decoder_outputs: (batch_size, time_step, output_dim)

        # 計算損失值
        loss = self.criterion(
            decoder_outputs.view(-1, decoder_outputs.size(-1)), # (batch_
size * time_step, output_dim)
            targets.view(-1) # (batch_size * time_step)
        )

        return loss, decoder_outputs
```

而在 Decoder 運算時由於**每次只會產生一個隱藏狀態**，因此我們需要手動建立一個 decoder_output 來儲存每一個時序的隱藏狀態，這樣才能計算出目前生成的文字損失值。

> **QUICK TIPS**　在 Encoder、Decoder 與 Attention 這三層中，我基本上都維持輸入與輸出為 (batch_size, seq_len, hidden_size) 的格式。在 Seq2Seq 架構中，由於其需要多層神經網路之間的連接，如果在程式中遇到不懂的地方，可以回到 5.2 小節中觀看 Seq2Seq 的架構圖片，來理解其模型的建立方式。

## 09　建立生成文字的方式。

在 Attention Seq2Seq 類別的最後，我們可以建立一個生成方法，使其能夠呼叫其 Encoder 與 Decoder 層來幫助生成文字，然而這裡我們**不會傳入真實目標序列**，而是讓模型不斷使用生成的文字作為下一個序列的輸入，直到出現 EOS 標籤或達到設定的最大次數。

```python
def generate(self, input_ids, sos_token=101, eos_token=102, max_len=50):
    with torch.no_grad():
        encoder_outputs, decoder_hidden = self.encoder(input_ids)
        decoder_outputs = []
        decoder_next_input = torch.empty(1, 1, dtype=torch.long).fill_(sos_token).to(input_ids.device.type)
        for _ in range(max_len):
            decoder_next_input, decoder_hidden = self.decoder(encoder_outputs, decoder_hidden, decoder_next_input)
            decoder_outputs.append(decoder_next_input)

            _, top_token_index = decoder_next_input.topk(1)
            if top_token_index == eos_token:
                break
            # detach from history as input
            decoder_next_input = top_token_index.squeeze(-1).detach()
        decoder_outputs = torch.cat(decoder_outputs, dim=1)
        decoder_outputs = self.logsoftmax(decoder_outputs)
```

```
    _, generated_ids = decoder_outputs.topk(1)
    return generated_ids.squeeze()
```

**10** 訓練模型。

接著，我們可以在初始化所有元件後，完成整個 seq2seq 模型的建立，並開始訓練模型，但要注意的是由於 hidden_size 之間需要互相連接，因此在 Decoder、Encoder 與 Attention 中的 hidden_size 超參數設定必須相同。

```
import torch.optim as optim
from trainer import Trainer

# 主程式部分
device = torch.device('cuda' if torch.cuda.is_available() else 'cpu')
hidden_size = 768
encoder = EncoderGRU(
    vocab_size=len(src_tokenizer),
    hidden_size=hidden_size,
    padding_idx=src_tokenizer.pad_token_id
)

decoder = DecoderGRU(
    attention = BahdanauAttention(hidden_size=hidden_size),
    hidden_size=hidden_size,
    output_size=len(tgt_tokenizer),
    padding_idx=tgt_tokenizer.pad_token_id
)

model = Attentionseq2seq(
    encoder = encoder,
    decoder = decoder,
    padding_idx = tgt_tokenizer.pad_token_id
).to(device)
```

在訓練時,我們可以將 Encoder 和 Decoder 的模型分別傳入優化器中,這樣做的原因是 Encoder 通常用於提取特徵,而 Decoder 用於生成輸出,因此**它們在訓練中通常會有不同的收斂速度和需求。**

```
optimizer_e = optim.Adam(encoder.parameters(), lr=1e-4)
optimizer_d = optim.Adam(decoder.parameters(), lr=1e-4)
trainer = Trainer(
    epochs=30,
    train_loader=train_loader,
    valid_loader=valid_loader,
    model=model,
    optimizer=[optimizer_e, optimizer_d],
    early_stopping=3
)
trainer.train()
# ----------------- 輸出 -----------------
Train Epoch 23: 100%|███████████████| 374/374 [00:23<00:00, 16.11it/s,
loss=0.457]
Valid Epoch 23: 100%|███████████████| 94/94 [00:01<00:00, 48.66it/s,
loss=2.367]
Train Loss: 0.44147| Valid Loss: 1.86302| Best Loss: 1.84741
```

在圖 5.5 中我們可以看到,經過幾個週期的訓練後,驗證損失值不再顯著下降,也不會隨著訓練損失值的下降而上升,這表示模型已經進入了良好的收斂階段,並且不再需要進一步優化。

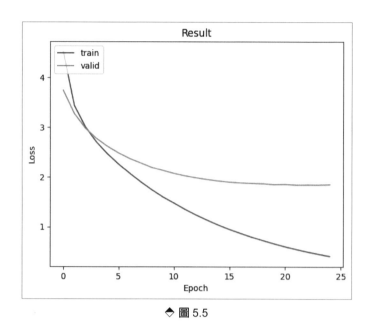

◆ 圖 5.5

**11** 實際應用翻譯文章。

　　由於該資料集中沒有提供測試資料，我們可以使用驗證資料來檢查模型訓練後的翻譯效果。這裡我們需要記得將生成的 `token_ids` 中的 [CLS] Token 刪除，否則可能會在生成過程中導致錯誤，最嚴重的情況下可能會導致生成的 Token 全部相同或生成文字無限循環。

```
model.load_state_dict(torch.load('model.ckpt'))
model.eval()


for idx in range(3):
    input_ids = src_tokenizer(x_valid[idx], max_length=256, truncation=
True, padding="longest", return_tensors='pt').to(device).input_ids[:, 1:]
    generated_ids = model.generate(input_ids, max_len=20)
    print('\n輸入文字:', x_valid[idx])
    print('目標文字:', y_valid[idx])
    print('翻譯文字:', tgt_tokenizer.decode(generated_ids))
```

```
# ----------------- 輸出 -----------------
輸入文字：別再讓我做那事了。
目標文字：Don't make me do that again.
翻譯文字：[CLS] don't do that again. [SEP]


輸入文字：我們愛湯姆。
目標文字：We love Tom.
翻譯文字：[CLS] we love tom. [SEP]
```

　　模型生成的翻譯文字相對準確。對於輸入文字「別再讓我做那事了」，目標文字是「Don't make me do that again.」，模型生成的翻譯文字是「[CLS] don't do that again. [SEP]」，雖然「don't do that again」略有不同，但整體意思還是接近的，僅僅是少了「make me」這部分，稍微影響了句子的完整性。另外，你會發現我們生成的文字之所以都是小寫，是因為 Tokenizer 所定義的文字皆是小寫的，這樣做的目的是為了減少大小寫造成的 Token 問題。

# 5·4　本章總結

　　在本章中，我們深入探討了 Seq2Seq 模型及其在語言生成任務中的應用，並透過實作示例來說明如何建立一個基於注意力機制的 Seq2Seq 模型，以進行中英翻譯。Seq2Seq 模型由編碼器（Encoder）和解碼器（Decoder）組成，Encoder 將輸入序列轉換為上下文向量（Context Vector），這個向量承載了輸入序列的語義訊息，而Decoder 利用這個上下文向量生成目標序列。

　　我們指出單一的上下文向量可能無法有效捕捉所有重要訊息，尤其是面對長序列輸入時，這限制了 Decoder 的生成效果。為了解決這個問題，我們引入了注意

力機制（Attention），使得 Decoder 能夠動態選擇最相關的上下文訊息。特別是，Bahdanau Attention 演算法透過計算注意力權重，允許 Decoder 在每個生成步驟中參考 Encoder 的輸出，從而提高生成的準確性。

在實作部分，我們詳細介紹了如何準備資料集、建立模型、訓練模型以及生成翻譯文字。我們展示了如何將中文和英文的文字轉換為可訓練的格式，並透過多層神經網路和注意力機制實現翻譯功能。實驗結果顯示，訓練好的模型在中英翻譯任務中表現出色，儘管在某些細節上仍有改進空間，但整體生成的翻譯結果已相當接近目標翻譯。

# 6

# 萬物皆可
# Transformer

不論是圖片、影片、音訊、還是文字,只要是學習人工智慧的
人,一定會知道 Transformer 架構,這個模型與 Seq2Seq 同
樣採用了 Encoder-Decoder 架構,但 Transformer 的優勢在
於運算速度更快,並且能應用於多個不同領域。在本章中,我
們將初步了解 Transformer 的實際應用範圍。

## 本章學習大綱

- **自注意力機制與位置編碼**：深入探討自注意力機制（Self-Attention）的工作原理，說明其如何在無須考慮序列順序的情況下計算序列元素間的關聯性，以及位置編碼（Positional Encoding）如何為模型提供序列位置訊息，使其能夠更好地處理序列資料。

- **Transformer Encoder 與 Decoder 運算方式**：詳細解析 Transformer 架構中 Encoder 與 Decoder 的運算方式，介紹其層級結構、主要組成部分的工作流程，並說明它們在處理語言模型時的具體應用。

- **文字摘要模型實作**：在本章中會展示如何建立 Transformer 模型，以及如何透過遮罩矩陣來隱藏未來的訊息和填補的文字位置。

## 本章程式碼教材

URL https://reurl.cc/kO4LRK

# 6·1 Transformer 介紹

　　Transformer 是一種從 Encoder-Decoder 架構衍生出的變化形式，可以被視為 Seq2seq 的延伸，該技術最初於 2017 年在期刊論文《Attention Is All You Need》（注意力機制就是你所需的一切）中提出，這一設計理念對人工智慧領域產生了革命性的影響。

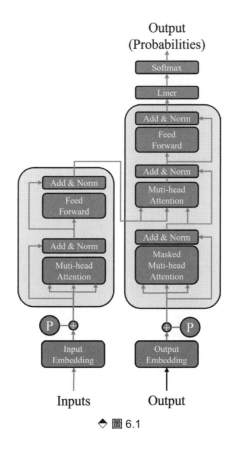

◆ 圖 6.1

　　正如論文標題所示，該架構能適用於音訊、文字、圖像等不同領域，並且該模型採用了平行計算的架構，解決了時間序列模型必須等待上一個單元計算完畢後，才

能繼續的問題，這一特性全都歸功於其所建立的「自注意力機制」（Self-Attention）概念。基本上，目前所有的頂尖模型都與此架構密不可分。現在讓我們來逐步分析該模型的架構。

#  位置編碼（Positional Encoding）

在傳統的時間序列模型中，依賴其遞迴結構來保留序列中元素的順序資訊，但 Transformer 模型是完全平行運算的，沒有內建的順序意識，因此需要一種方法來將顯示的位置訊息引入模型中，而這種方式就是「位置編碼」（Positional Encoding）。

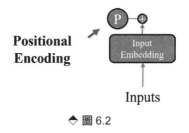

◆ 圖 6.2

在位置編碼中，其編碼方式是透過正弦與餘弦波形式建立的，具體而言，針對奇數位置使用正弦函數進行編碼，而針對偶數位置則使用餘弦函數來計算。其數學公式如下所示：

$$PE_{pos,2i} = \sin(\frac{pos}{10000^{2i/d}})$$ 公式 6.1

$$PE_{pos,2i+1} = \cos(\frac{pos}{10000^{2i/d}})$$ 公式 6.2

其中，d 是指詞嵌入層的維度，i 則代表該詞向量的第 i 個維度，pos 是詞彙的順序位置。該公式的設計主要基於 sin() 和 cos() 函數的週期性特性，因為這兩種函數特別適合表現循環性的特徵。

　　由於這種方法能讓編碼在不同位置上具有獨特且可區分的特性，模型能夠更好地學習詞與詞之間的相對位置關係。透過使用不同頻率的 sin() 和 cos() 函數，位置編碼可以在不同尺度上捕捉到序列中元素的相對距離。

#  自注意力機制（Self-Attention）

　　在開始介紹「自注意力機制」（Self-Attention）之前，讓我們先來溫習一下「注意力機制」（Attention）的作法。注意力機制是透過 Encoder 與 Decoder 的隱藏狀態互相計算，以找出最合適的上下文向量，但這種演算法必須跨足 Encoder 與 Decoder 兩個架構，因此訊息上的結合會比較困難。

　　Self-Attention 被稱爲「Self」，是因爲其運算中使用的是文字內部的向量。讓我們來看看圖 6.3 中的 Query(q)、Key(k) 和 Value(v) 這三個參數，這三個參數是經過位置編碼（Positional Encoding）計算後，再透過一個線性分類器 $W^TX$ 計算後求得的結果。

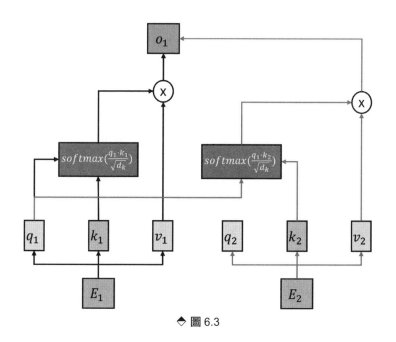

◆ 圖 6.3

這三個新向量分別代表了不同的動作含義，我們先來看下表的說明：

| 名稱 | 功能説明 | 數學表示 |
|------|---------|---------|
| Query | 用來查詢注意力分布的向量。在 Transformer 中，每個輸入位置都有一個 Query 向量，這個向量與 Key 向量計算相似度，以確定該位置應該注意哪些其他位置。 | $q_i = W_q^T X$ <br> $Q = \{q_1, q_2 \dots q_n\}$ |
| Key | 用來匹配 Query 的向量。每個輸入位置都有一個 Key 向量，這些向量被用來計算注意力分數，即 Query 和 Key 之間的相似度。 | $k_i = W_k^T X$ <br> $K = \{k_1, k_2 \dots k_n\}$ |
| Value | 包含實際訊息的向量，可以把它理解為透過詞嵌入轉換後的 Token。在計算出注意力分數後，這些分數被用來加權 Value 向量，以生成注意力輸出。最終的輸出是這些加權 Value 向量的加總。 | $v_i = W_v^T X$ <br> $V = \{v_1, v_2 \dots v_n\}$ |

在自注意力機制中，第一個動作是先計算出 Query 和 Key 之間的相似度，其作法是將兩者向量進行相乘，但由於兩個向量相乘，可能會產生數值過大而無法收斂的問題，因此在自注意力機制中還會將其除以 $\sqrt{d_k}$，其中 $d_k$ 大小與 K 向量相等。

$$Attention\_Score(Q, K) = \frac{Score(Q, K)}{\sqrt{d_k}} = \frac{(Q \cdot K^T)}{\sqrt{d_k}}$$

公式 6.3

這時所代表的意義就是融合兩個 Token 之間的訊息，而我們在 Seq2seq 中知道當訊息被融合後，就能透過 softmax 進行運算，以取得這些文字之間的機率，因此其注意力權重公式如下：

$$A = Attention\_Weights(Q, K) = softmax\left(\frac{(Q \cdot K^T)}{\sqrt{d_k}}\right)$$

公式 6.4

這時我們就可以透過 Value 向量與各自的注意力權重進行運算，以取得每一個向量的重要訊息，得到最終的注意力輸出，同時我們也能夠得到自注意力機制的公式。

$$O = Atttention(Q, K, V) = softmax\left(\frac{(Q \cdot K^T)}{\sqrt{d_k}}\right) \cdot V$$

公式 6.5

而對於這一個輸出，我們可以得知 $V = \{v_1, v_2, \cdots v_n\}$，而注意力權重則為 Q 與 $K^T$ 矩陣運算，且由於是矩陣運算，因此將會產生 m 個序列長度與 n 個批量的權重矩陣。

$$A = \begin{bmatrix} a_{11} & a_{21} & \cdot & \cdot & \cdot & a_{m1} \\ a_{12} & a_{22} & \cdot & \cdot & \cdot & a_{m2} \\ \cdot & \cdot & \cdot & & & \cdot \\ \cdot & \cdot & & \cdot & & \cdot \\ \cdot & \cdot & & & \cdot & \cdot \\ a_{1n} & a_{2n} & \cdot & \cdot & \cdot & a_{mn} \end{bmatrix}$$

公式 6.6

其中 $a_{11}$ 到 $a_{m1}$ 代表的是每一個時間序列的注意力權重，因此當我們計算出注意力輸出結果 $o_1$ 時，該結果能夠包含所有 $v_1$ 到 $v_n$ 的注意力權重訊息，這使得模型能夠動態關注輸入序列中不同位置的詞語，從而更好地捕捉長距離的依賴關係。

## 6·2 Transformer Encoder

在實際的 Transformer 中，使用了一種名為「多頭注意力機制」（Multi-Head Attention）的技術，這樣的設計是因為在自注意力機制（Self-Attention）中，每一組 q、k 向量只會對同一個詞彙的語義有所關注，因此我們可以設計多組 head，使其能夠關注多個語義。

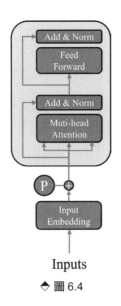

◆ 圖 6.4

　　該動作的執行方式與自注意力機制相同，只不過在計算出最後結果時，我們需要將每一個 head 的輸出拼接在一起，並與一個線性分類器進行運算，使其能夠將維度縮放到我們需求的大小，因此對於注意力機制（Attention）的數學公式，我們可以用以下的方式進行表達：

$$A_i = Attention\left(Q_i, K_i, V_i\right) = softmax\left(\frac{\left(Q_i \cdot K_i^T\right)}{\sqrt{d_k}}\right) \cdot V_i \qquad \text{公式 6.7}$$

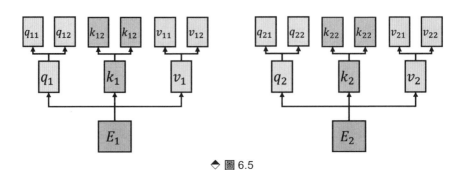

◆ 圖 6.5

這樣我們將能夠取得 i 個大小的 head。這裡我們可以透過合併的方式達成，因此對於多頭（Multi-Head）的作法可以寫成下述的公式：

$$MultiHead\,(Q, K, V) = concat(head_1, head_2, \dots head_i)W_o$$ 公式 6.8

至此爲止，就是「多頭注意力機制」（Multi-Head Self-Attention）與「自注意力機制」（Self-Attention）不同的地方，而我們可以看到在模型中還增加了一層 Layer Normalization，這個設計的目的是要減少「內部共變數偏移」（Internal Covariate Shift）的問題。之所以會有內部共變數偏移問題的發生，是因爲神經網路裡每一層的輸入分布都會不斷變化，這會導致訓練過程不穩定。爲了解決這個問題，我們需要一種方式來穩定每層中的數值，而 Layer Normalization 就是透過對輸入 x、平均數 E[x] 與變異數 Var[x] 的轉換來穩定每一層的輸出結果，其計算公式如下：

$$y = \frac{x - E[x]}{\sqrt{Var[x] + \varepsilon}} + \gamma + \beta$$ 公式 6.9

其中，ε 的用途主要是爲了防止出現除以 0 的情況，因此其數值通常會設定得非常小，這樣可以確保計算過程中的穩定性，避免數值不穩定帶來的計算錯誤。至於 γ 則是用來控制縮放輸出的幅度，它在每一層中都可以進行調整，從而使模型能夠靈活學習到不同特徵的權重，這樣可以幫助模型更加適應不同資料的特性。而 β 則是代表該層的偏移量，這個偏移量可以幫助模型在學習過程中更好地調整輸出，使其更加接近眞實資料的分布。

這三個參數的共同作用，使得 Layer Normalization 能夠有效穩定每一層的輸出，以減少內部共變數偏移的影響，如此模型在訓練過程中能夠更快速地收斂，同時也能夠更好地應對各種資料分布，最終提高模型的效能和預測準確性。

# 6·3 Transformer Decoder

在先前介紹時間序列模型的章節中，我們了解到 Decoder 在訓練時使用「教師強制」（Teacher Forcing）的方法，這種方法需要依賴上一層的時間序列與目前的輸入文字，然而 Transformer 模型則是使用平行運算的方法，因此在注意力機制的輸出中，會包含完整的注意力權重訊息，這可能導致未來的時序資訊被模型看到，從而引起運算錯誤。

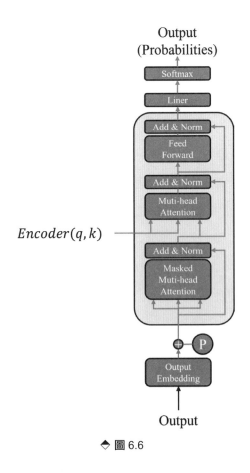

◆ 圖 6.6

　　因此，我們可以發現在 Transformer 的 Decoder 中，多了一個「遮罩多頭注意力機制」（Masked Multi-head Attention）的層，這一層的具體作法是生成一個遮罩矩陣，防止模型看到未來的位置訊息。

| 0 | 1 | 1 | 1 |
|---|---|---|---|
| 0 | 0 | 1 | 1 |
| 0 | 0 | 0 | 1 |
| 0 | 0 | 0 | 0 |

◆ 圖 6.7

　　該設計旨在掩蓋注意力權重中相應的權重位置，使目前生成的文字序列無法包含後面的注意力權重，有效地避免訊息洩露的問題。在計算注意力權重時，對於那些未來位置（圖中表示為 1 的部分），賦予一個負無窮大的值，如此計算 softmax 時，這些位置的權重會變得極小，幾乎不起作用，這樣的設計能夠有效避免模型在生成序列時看到未來的訊息，從而保持生成的順序性和合理性。

## 6·4　程式實作：新聞文字摘要

　　在這次 Transformer 的實作中，將使用 Kondalarao Vonteru 的資料集擴展包（URL https://www.kaggle.com/datasets/edumunozsala/cleaned-news-summary）進行文字摘要工作，這個資料集含有約 9.8 萬條由專業作家撰寫的新聞及文字摘要，而我們的目的是利用此資料集訓練 Transformer 模型，使我們能快速摘要出文章中的重點。

**01** 讀取資料集與 Tokenizer。

我們將資料儲存於 CSV 檔案中，並劃分為「Train」與「Valid」兩個資料夾，每個資料夾中存放了三個 CSV 檔案。為了讀取這些資料，我們需要透過迴圈來操作。在這些 CSV 檔案中，資料分成「summary」（摘要）與「text」（原始資料）兩個部分，因此我們需要將這兩個欄位分開處理，其中 text 將作為 Encoder 的輸入，而 summary 則作為 Decoder 的輸入。

```python
from transformers import AutoTokenizer
import pandas as pd
import os

def read_csv_data(data_path):
    source, target = [], []
    for file_name in os.listdir(data_path):
        df = pd.read_csv(f'{data_path}/{file_name}')
        src, tgt = df['text'].values, df['summary'].values
        source.extend(src)
        target.extend(tgt)
    return source, target

x_train_data, y_train_data = read_csv_data('news/train')
x_test, y_test = read_csv_data('news/test')

tokenizer = AutoTokenizer.from_pretrained('bert-base-uncased')
```

**02** 建立 Pytorch DataLoader。

在 Transform 中，由於平行運算的需求，需要使用 Tokenizer 中的 `attention_mask` 和 `input_ids` 參數。而因為我們同樣有 Decoder 與 Encoder，所以在 `collate_fn` 中，可以修改字典的鍵值，以便在建立模型時，可以根據這些鍵值取得對應的文字內容。

```python
from torch.utils.data import Dataset, DataLoader
from sklearn.model_selection import train_test_split

class SummaryeDataset(Dataset):
    def __init__(self, x, y, tokenizer):
        self.x = x
        self.y = y
        self.tokenizer = tokenizer


    def __getitem__(self, index):
        return self.x[index], self.y[index]


    def __len__(self):
        return len(self.x)


    def collate_fn(self, batch):
        batch_x, batch_y = zip(*batch)
        src = self.tokenizer(batch_x, max_length=256, truncation=True,
padding="longest", return_tensors='pt')
        tgt = self.tokenizer(batch_y, max_length=256, truncation=True,
padding="longest", return_tensors='pt')
        src = {f'src_{k}':v for k, v in src.items()}
        tgt = {f'tgt_{k}':v for k, v in tgt.items()}


        return {**src, **tgt}

x_train, x_valid, y_train, y_valid = train_test_split(x_train_data,
y_train_data, train_size=0.8, random_state=46, shuffle=True)


trainset = SummaryeDataset(x_train, y_train, tokenizer)
validset = SummaryeDataset(x_valid, y_valid, tokenizer)


train_loader = DataLoader(trainset, batch_size = 32, shuffle = True, num_
workers = 0, pin_memory = True, collate_fn=trainset.collate_fn)
```

```
valid_loader = DataLoader(validset, batch_size = 32, shuffle = True, num_
workers = 0, pin_memory = True, collate_fn=validset.collate_fn)
```

**03** 建立 Positional Encoding。

在建立 Transformer 之前，由於其自身缺乏時間序列的概念，因此我們需要先建立一個 `PositionalEncoding` 類別來賦予模型位置訊息。這個 `PositionalEncoding` 應該要與詞嵌入層具有相同的大小格式，以便能夠接受每個 Token 的資訊，同時我們應該在奇數位置加入 sin 函數，在偶數位置加入 cos 函數。

```python
import torch
import torch.nn as nn

class PositionalEncoding(nn.Module):
    def __init__(self, emb_size, dropout, maxlen=5000):
        super(PositionalEncoding, self).__init__()
        self.dropout = nn.Dropout(p=dropout)

        pe = torch.zeros(maxlen, emb_size)
        position = torch.arange(0, maxlen, dtype=torch.float).unsqueeze(1)
        div_term = torch.exp(torch.arange(0, emb_size, 2).float() *
(-torch.log(torch.tensor(10000.0)) / emb_size))
        pe[:, 0::2] = torch.sin(position * div_term)
        pe[:, 1::2] = torch.cos(position * div_term)
        pe = pe.unsqueeze(0).transpose(0, 1)
        self.register_buffer('pe', pe)

    def forward(self, x):
        x = x + self.pe[:x.size(0), :]
        return self.dropout(x)
```

　　由於在 PyTorch 中寫在 __init__ 的 tensor 資料將會計算到梯度，並進行反向傳播，但在 Transformer 中其位置訊息是不會被訓練而改變的，因為它應該是絕對的位置訊息，因此我們使用 register_buffer 將 pe 變數放入，這樣才不會被模型計算其梯度。

**04**　建立 Transformer。

　　在 PyTorch 中，已經幫我們建立好 Transformer 的架構，因此我們不必像 Seq2seq 中需要自己建立 Encoder 與 Decoder 這類複雜的結構。在初始化時，我們可以非常簡便呼叫 Transformer 來建立模型。

```
class Seq2SeqTransformer(nn.Module):
    def __init__(self, vocab_size, emb_size, d_model, nhead, num_encoder_
layers, num_decoder_layers, dim_feedforward):
        super(Seq2SeqTransformer, self).__init__()
        self.src_embedding = nn.Embedding(vocab_size, emb_size)
        self.tgt_embedding = nn.Embedding(vocab_size, emb_size)
        self.positional_encoding = PositionalEncoding(emb_size, dropout=
0.1)

        self.transformer = nn.Transformer(
            d_model=d_model,
            nhead=nhead,
            num_encoder_layers=num_encoder_layers,
            num_decoder_layers=num_decoder_layers,
            dim_feedforward=dim_feedforward,
            batch_first=True
        )

        # 用於生成最終輸出的線性層
        self.fc = nn.Linear(d_model, vocab_size)
        self.criterion = torch.nn.CrossEntropyLoss(ignore_index=tokenizer.
pad_token_id)
```

在前向傳播中，Transformer 有多種不同的遮罩方式，首先是遮罩未來資訊的 `src_mask` 與 `tgt_mask`。由於 Encoder 層中沒有遮罩多頭注意力機制（Masked Multi-Head Attention），我們不需要為其設置遮罩，只需產生一個與 seq_len ✕ seq_len 大小的全 0 遮罩矩陣即可。

```
src_mask = torch.zeros(
    (src_emb.shape[1], src_emb.shape[1]),
    device=device
).type(torch.bool)
```

對於 Decoder 的 `tgt_mask`，我們需要生成一個下三角為負無限大、上三角為 0 的遮罩矩陣。我們可以先生成一個全 1 的矩陣，然後使用 torch.triu 將上三角及主對角線設為 1，其餘設為 0，最後轉置此矩陣，並替換相關位置，即可符合遮罩規則。

```
def generate_square_subsequent_mask(self, sz):
    mask = (torch.triu(torch.ones(sz, sz)) == 1).transpose(0, 1)
    mask = mask.float().masked_fill(mask == 0, float('-inf')).masked_fill(mask == 1, float(0.0))
    return mask.to(device)
```

在 Transformer 架構中，無論是 Encoder 還是 Decoder，都需要先將輸入透過 Embedding 層轉換，並透過位置編碼來賦予位置訊息，因此我們可以定義一種方法，以快速地將輸入文字和目標文字進行轉換。

```
def embedding_step(self, src, tgt):
    src_emb = self.src_embedding(src)
    tgt_emb = self.tgt_embedding(tgt)
```

```
        return self.positional_encoding(src_emb), self.positional_encoding
    (tgt_emb)
```

最後，我們還需要考慮到 [PAD] 這個 Token 的問題，因此需要設定 src_key_ padding_mask 和 tgt_key_padding_mask 參數，這兩個部分可以根據 Tokenizer 中的 attention_mask 生成的資料，找出其值為 0 的位置，這樣就能設計出需要被遮罩的位置了。

此外，由於 Encoder 的 Q 和 K 需要與 Decoder 的 V 進行運算，我們還需要遮罩 Encoder 相關的 [PAD] Token，因此需要設計 memory_key_padding_mask。這個參數會與 src_key_padding_mask 相同，因此我們可以直接將剛才建立好的 src_ key_padding_mask 傳入即可。

```
def forward(self, **kwargs):
    src_ids = kwargs['src_input_ids']
    tgt_ids = kwargs['tgt_input_ids']

    src_key_padding_mask = (kwargs['src_attention_mask'] == 0)
    tgt_key_padding_mask = (kwargs['tgt_attention_mask'] == 0)


    src_emb, tgt_emb = self.embedding_step(src_ids, tgt_ids)

    src_mask = torch.zeros((src_emb.shape[1], src_emb.shape[1]),device=
device).type(torch.bool)
    tgt_mask = self.generate_square_subsequent_mask(tgt_emb.shape[1])

    # 將嵌入透過 transformer 模型
    outs = self.transformer(
        src_emb, tgt_emb,
        src_mask=src_mask,
```

```
        tgt_mask=tgt_mask,
        src_key_padding_mask=src_key_padding_mask,
        tgt_key_padding_mask=tgt_key_padding_mask,
        memory_key_padding_mask=src_key_padding_mask
    )

    logits = self.fc(outs)

    tgt_ids_shifted = tgt_ids[:, 1:].reshape(-1)
    logits = logits[:, :-1].reshape(-1, logits.shape[-1])
    loss = self.criterion(logits, tgt_ids_shifted)

    return loss, logits
```

**05** 建立文字生成方式。

　　與 seq2seq 方法相同，我們可以建立一個用於生成文字的函數，以便快速呼叫其生成方法。這裡我們同樣使用 [CLS] 標記作爲模型生成的起點，一直到遇到 [SEP] 標記爲止，不過由於我們的輸入編碼可能包含 [PAD] Token，因此我們也必須提供相關的遮罩。

```
def generate(self, max_length=50, cls_token_id=101, sep_token_id=102,
**kwargs):
    src_input_ids = kwargs['input_ids']
    src_attention_mask = kwargs['attention_mask']

    # 先嵌入源序列
    src_emb = self.positional_encoding(self.src_embedding(src_input_ids))
    src_key_padding_mask = (src_attention_mask == 0)

    # 初始化目標序列，開始符號（BOS）
    tgt_input_ids = torch.full((src_input_ids.size(0), 1), cls_token_id,
```

```
                          dtype=torch.long).to(src_input_ids.device)
    for _ in range(max_length):
        tgt_emb = self.tgt_embedding(tgt_input_ids)
        tgt_emb = self.positional_encoding(tgt_emb)

        # Transformer 前向傳播
        outs = self.transformer(
            src_emb, tgt_emb,
            src_key_padding_mask=src_key_padding_mask,
            memory_key_padding_mask=src_key_padding_mask
        )
        logits = self.fc(outs)
        next_token_logits = logits[:, -1, :]
        next_token = torch.argmax(next_token_logits, dim=-1).unsqueeze(1)
        tgt_input_ids = torch.cat([tgt_input_ids, next_token], dim=1)

        # 停止條件：如果生成的序列中包含了結束符號（EOS）
        if next_token.item() == sep_token_id:
            break

    return tgt_input_ids
```

　　在生成程式中，我們不會像處理時間序列模型那樣將文字逐個輸入；相反的，**我們會將每個文字視為下一時間步的輸入**，並使用 `torch.cat` 將這些 Token 合併，因此我們也需在 `tgt_mask` 上執行相同的序列處理，最後我們設定模型參數，即可完成整個 Transformer 的建立。

```
# 設定模型
device = torch.device('cuda' if torch.cuda.is_available() else 'cpu')
model = Seq2SeqTransformer(
    vocab_size=len(tokenizer),
    emb_size=512,
    d_model=512,
```

```
        nhead=8,
        num_encoder_layers=6,
        num_decoder_layers=6,
        dim_feedforward=2048
).to(device)
```

**06** 訓練模型。

最後我們設定模型的參數，即可完成 Transformer 模型的建立。由於這次設計的 Transformer 模型規模較大，我們希望能訓練出一個穩定的模型。為了在訓練過程中，避免陷入局部最優解，並使模型能收斂至更低的損失值，我們選擇使用 get_cosine_with_hard_restarts_schedule_with_warmup 這一策略，這種方法使得在訓練初期進行 Warmup，到達預設的 num_warmup_steps 後，模型會進入餘弦退火階段，從而提高收斂效果。

我們計畫進行總共 100 個訓練週期，並希望在第一個週期中實現 Warmup。該策略中，學習率的調整是基於步驟（step）來計算的，每一步驟代表一次 DataLoader 的迭代，因此我們可以透過 train_loader 的大小來設定我們想要的步數。

```
import torch.optim as optim
from transformers import get_cosine_with_hard_restarts_schedule_with_warmup
from trainer import Trainer

# 優化器與排程器
optimizer = optim.AdamW(model.parameters(), lr=1e-4)
scheduler = get_cosine_with_hard_restarts_schedule_with_warmup(
        optimizer,
        num_warmup_steps=len(train_loader),
        num_training_steps=len(train_loader) * 100,
        num_cycles=1,
)
```

　　最終我們使用 Trainer 來訓練模型，而我們可以發現模型在整個訓練過程中一直穩定地下降，直到收斂時都沒有出現過度擬合的現象。這不僅得益於排程器的調節，更重要的是 Transformer 架構能在各層之間更有效地傳遞訊息，使得最終的訓練效果顯著優於前幾章所述的方法。

```
# 訓練模型
trainer = Trainer(
    epochs=100,
    train_loader=train_loader,
    valid_loader=valid_loader,
    model=model,
    optimizer=[optimizer],
    scheduler=[scheduler]
)
trainer.train(show_loss=True)
# ---
Train Epoch 29: 100%|██████████████████| 4643/4643 [06:25<00:00, 12.04it/s,
loss=0.390]
Valid Epoch 29: 100%|██████████████████| 1161/1161 [00:33<00:00, 34.50it/s,
loss=0.950]
Train Loss: 0.34809| Valid Loss: 2.26407| Best Loss: 2.18540
Train Loss: 0.63595| Valid Loss: 2.18540| Best Loss: 2.18540
```

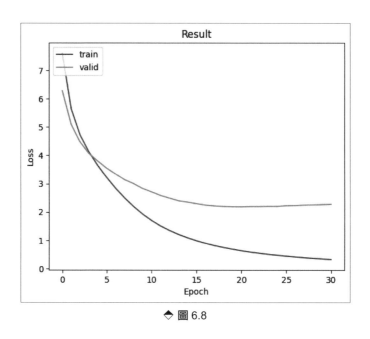

◆ 圖 6.8

**07** 實際進行文字摘要。

　　最後，讓我們透過直接呼叫模型中的生成方法，來檢視其在文字摘要上的實際效果，這時我們能看到在模型生成的摘要已經完美跟我們原始的文字相同了，這也代表者模型的效能已經達到我們預期的目標。透過這個實驗，我們充分展示該模型在語言生成任務中的優越表現。

```
model.load_state_dict(torch.load('model.ckpt'))
model.eval()
idx = 7778
input_data = tokenizer(x_test[idx], max_length=1024, truncation=True,
padding="longest", return_tensors='pt').to(device)
generated_ids = model.generate(**input_data, max_len=50)

print(' 輸入文字 :\n', x_test[idx])
print(' 目標文字 :\n', y_test[idx])
print(' 模型文字 :\n', tokenizer.decode(generated_ids[0]))
```

```
# ---
輸入文字：
 mandsaur police tuesday filed 350page chargesheet two accused eightyearold
girls gangrape case chargesheet names 92 witnesses lists 100 pieces
evidence accused girl allegedly kidnapped waiting family member outside
school raped secluded place
目標文字：
 92 witnesses 100 evidences mandsaur gangrape chargesheet
模型文字：
 [CLS] 92 witnesses 100 evidences mandsaur gangrape chargesheet [SEP]
```

# 6·5 本章總結

在本章中，我們探討了 Transformer 模型的「自注意力機制」（Self-Attention）與「位置編碼機制」（Positional Encoding），並詳細解析了 Transformer Encoder 與 Decoder 的運算方式。我們也透過程式實作的方式，說明在實際的 Transformer 中該如何遮罩訊息，並且教你如何呼叫訓練完畢的模型來生成文字內容。該模型的架構是當今最熱門的架構，基本上我們在任何 AI 產品中都能看到它的身影，後續的模型也是基於該架構進行改良，因此理解本章的內容非常重要。

# 7

# 站在巨人肩膀上的
# 預訓練模型BERT

在上一章中，訓練 Transformer 花費了非常多的時間。如果
我們遇到新的任務，就需要重新訓練模型，這不僅消耗大量電
力資源，還需要訓練多個模型，因此最好的解決方式就是使用
別人訓練好的模型權重來幫助我們，這就是「預訓練模型」的
主要目的，其方式是利用訓練好的模型權重，讓我們能快速根
據自己的資料進行調整。在本章中，我將介紹 BERT 這一個
預訓練模型及其應用。

## 本章學習大綱

- **初步理解預訓練模型**：「預訓練模型」是機器學習中的一種策略，先利用大量資料進行初步訓練，再針對特定任務進行微調，這種方法能提高模型在多種任務中的表現。

- **BERT 的預訓練策略**：BERT 的兩種主要預訓練策略—「遮罩語言模型」（MLM）和「下一句預測」（NSP），在預訓練模型中具有強大的功能，BERT 也是依靠這些方法，成爲當時最強大的模型之一。

- **QA 問答實作練習**：QA 問答通常由生成式語言模型來完成，但 BERT 是一個 Encoder 架構，因此只能進行分類。我們需要學習如何利用 Encoder 模型來實現 QA 問答功能。

## 本章程式碼教材

URL https://reurl.cc/0vVx7o

# 7·1 預訓練模型

　　「預訓練模型」（Pre-trained Model）是一種利用大量資料集進行訓練而建立的模型，這類模型與那些帶有明確預測目標的模型不同，並不是專注於學習某些特定的特徵，而是透過大量資料學習豐富的特徵，**這些特徵不需要過於專精，只需具備相關知識即可。**

　　這樣的模型因其廣泛的應用性，能夠被後續的研究或專案用於更具體的任務，我們只需透過「微調」（Fine-tuning）來進一步提升模型對特定資料的**適應能力和精準度**，這種訓練方法稱為「遷移學習」（Transfer Learning），不僅節省了從頭訓練模型的大量時間，也大幅度降低了資源消耗，使得一些複雜的專案能夠更容易達成。

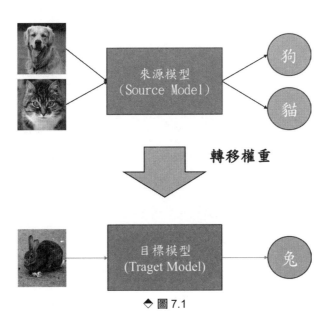

◆ 圖 7.1

在遷移學習中，主要分為兩大部分。為了更清楚理解這些部分，可以參考以下的表格：

| 分類 | 定義 | 説明 |
|---|---|---|
| 來源模型（Source Model） | 在大量資料集上預先訓練的模型。 | 這個模型包含了廣泛的知識，可以適應不同的任務。 |
| 來源資料（Source Data） | 用於訓練來源模型的資料集。 | 通常是龐大且多樣化的資料集。 |
| 目標模型（Target Model） | 從來源模型微調後，用於特定任務的模型。 | 將來源模型的知識遷移到特定領域或任務上。 |
| 目標資料（Target Data） | 用於微調目標模型的資料集。 | 這些資料具體關聯到目標任務或領域。 |

之所以要將模型分成「來源模型」和「目標模型」，是因為在第 5 章和第 6 章提到的例子中，我們只使用 MB 級別的資料和神經網路界，就花費了大量時間進行訓練。

然而，以 ChatGPT 的前身 GPT-3 這類大型語言模型（Large Language Model，LLM）為例，其模型的參數量約是我們模型的 16500 倍，所需的訓練資料集大小則以「TB」為單位計算。若是只使用一張顯示卡進行訓練，可能需要數百年才能完成，因此這種大型模型的訓練通常需要部署多張 GPU 或 TPU。例如：在 GPT-3 的訓練過程中，OpenAI 使用了 10000 張 A100 顯示卡，也還是花了 15 天才能完成訓練。由此可見，只有頂尖的科學家和大公司才能承擔這種規模的模型訓練。

那麼為何要使用大量的資料和模型來進行訓練呢？我們可以將模型想像成一個箱子，當模型的參數量增加時，這個箱子就會變得更大；而我們設計的模型架構，就好比是「箱子內部的配置」，當這個配置設計得越合理，我們就越能有效利用和理解這些資料，因此在深度學習模型中，增加模型的參數量，並優化其結構，是兩個極其重要的部分。

　　當來源模型完成訓練後，許多公司會選擇將其開放原始碼，包括：Google 的 BERT、OpenAI 的 GPT-J 以及 Facebook 的 Llama 3 等，這些都被稱為「預訓練模型」，簡而言之，這些模型是透過大規模資料訓練來獲得豐富的特徵，然後需要進行進一步的訓練，因此在這個階段中，我們通常會對模型進行微調（Fine-tune），以適應特定的應用需求。

# 7·2　模型微調

　　我們之所以稱「預訓練模型」這個步驟為「微調」，而非「重新訓練」，是因為原始資料量通常遠超過目標資料量，達到上千倍之多，因此當我們使用目標資料對模型進行調整時，所作的改動只是對權重進行輕微的調整，這種影響可以比喻為在大海中加入幾滴自來水，基本上不會引起顯著的變化。

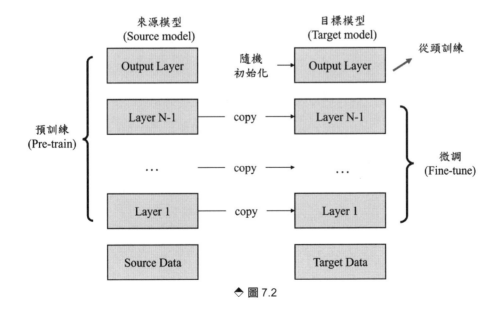

◆ 圖 7.2

在微調模型時，為了能夠更好適應目前的目標資料，我們通常選擇對模型最後一層的線性輸出權重進行隨機初始化，這樣當目標資料輸入模型時，線性輸出層將能利用前幾層已學習的特徵來進行判斷。這種方法不僅提升了微調的效果，還允許我們凍結除了線性層外的其他權重，以保留較為重要的神經網路權重，使我們能夠獲得更好的目標效果。

## 7·3 BERT

「BERT」（Bidirectional Encoder Representations from Transformers）是一種利用 Transformer Encoder 結構建立的模型，它總共包含 12 層 Transformer，每層擁有 12 個 head。

我們將 BERT 比喻為「站在巨人的肩膀上」，因為這個模型結合了過去眾多著名的 NLP 技術，包括 Transformer Encoder 架構、BPE 斷詞技術、遷移學習中的權重轉移方式，以及特殊 Token 的文字表示方法等最新研究成果和技術。正是這些創新技術和研究成果的結合，使得 BERT 模型得以成功建立，並發揮其強大的功能。

該模型真正的強大之處在於其獨創的預訓練策略，使得模型能夠更深入理解雙向的上下文訊息，這一改進使得 BERT 一經發布，便迅速在 GLUE、SQuAD、SWAG 等多個資料集的準確率排行榜上名列前茅，且 BERT 的訓練方法對後續的自然語言處理模型產生了深遠的影響，接下來我們來進一步探討這個模型的訓練方式。

# BERT 的三層詞嵌入層

在介紹 BERT 之前，我們先了解一下 BERT 嵌入層的架構，BERT 模型採用了三種不同類型的詞嵌入層，每一層都扮演著獨特的角色，使得模型能更加理解語言的細節。

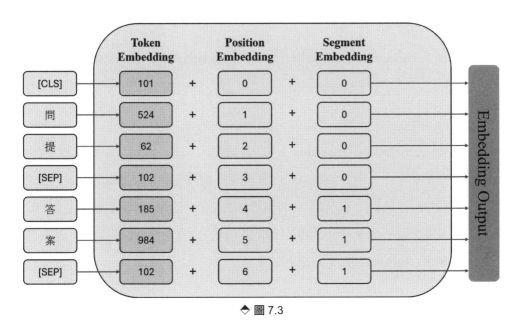

◆ 圖 7.3

以下是對這三種嵌入層的詳細說明：

| 層次 | 名稱 | 功能描述 | 與 Transformer 的比較 |
|------|------|----------|----------------------|
| 第一層 | 標記嵌入<br>（Token Embedding） | 將詞轉換為向量形式。 | 功能與 Transformer 中的標記嵌入相同。 |
| 第二層 | 位置嵌入<br>（Position Embedding） | 給予每個詞在句子中的位置訊息，是可訓練的向量。 | 與 Transformer 中使用固定正弦函數和餘弦函數的位置編碼（Positional Encoding）不同。 |

| 層次 | 名稱 | 功能描述 | 與 Transformer 的比較 |
|---|---|---|---|
| 第三層 | 分段嵌入<br>（Segment Embedding） | 用於區分不同句子，對於多句子任務識別有幫助。第一個句子或段落標為 0，第二個句子或段落標為 1。 | 專用於 BERT 的 NSP 任務，Transformer 中無此層。 |

　　如上表所示，BERT 中的三個詞嵌入層各有其專屬的功能和特點，「標記嵌入」（Token Embedding）負責將單詞轉換為向量形式，這與我們先前所執行的詞嵌入層相同。

　　「位置嵌入」（Position Embedding）和「分段嵌入」（Segment Embedding）均提供了進一步的訊息。不同於 Transformer 模型中所使用的固定位置編碼方法，「位置嵌入」採用可訓練的向量，標示出每個單詞在句子中的相對或絕對位置；而「分段嵌入」則用於區分多個句子或段落，增加不同上下文之間的訊息連接，這對於「下一句預測」（NSP）任務尤為重要。

#  下一句預測（NSP）

　　「下一句預測」（NSP）是一種自然語言處理技術，旨在提高模型對文字結構的理解，NSP 的主要目的是增強模型對文字中句子間邏輯連貫性的理解能力。

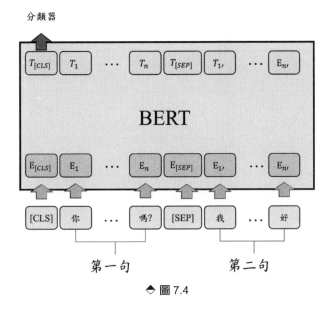

◆ 圖 7.4

　　在實際應用中，這項任務要求模型判斷一個句子是否是另一個句子的邏輯後續。在訓練過程中，系統會自動生成句子對，具體來說，給予一個句子 A，系統隨機選擇一個句子 B，這個句子可能是句子 A 的真正後續，也可能不是。**模型的任務是預測這兩個句子是否連續，如果句子 B 是句子 A 的真正後續，則標記為「是」，否則標記為「否」。透過這種方法，迫使模型學習判斷句子間的邏輯關係和連貫性，這對於改進模型處理長文字的能力是非常重要的。**

## 遮罩語言模型（MLM）

　　而在 BERT 中，另一項非常重要的訓練方式就是採用「遮罩語言模型」（Masked Language Model，MLM），MLM 的主要特點在於它能預測句子中遺漏的詞語或 Token。

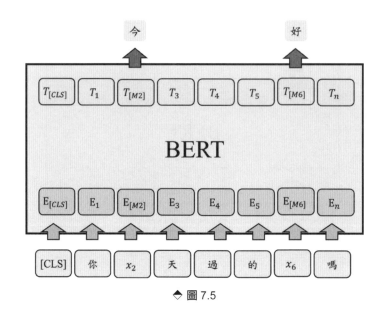

◆ 圖 7.5

在訓練 BERT 模型的過程中，模型會隨機選擇輸入文字中約 15% 的詞彙，然後將這些詞替換為特殊的 [MASK] 標記。例如：如果原文是「他今天過得好嗎」，BERT 訓練過程中可能將其修改為「你 [MASK] 天過得 [MASK] 嗎」，接著**模型將被訓練來預測這些被遮罩的詞彙**，這種設計不僅讓模型學習到詞彙間的相依性，還增強了對未見過單詞的泛化能力。

不過，由於 [MASK] 標記在 MLM 之外，不會出現於實際語境中，BERT 進行了一些改進，以更好地模擬真實的語言處理情景。**BERT 不僅使用 [MASK] 標記，還會隨機替換一些詞彙為其他詞彙**，模型需要從剩餘的上下文中推理出正確的詞彙，這使得模型能更有效學習語言的多樣性和複雜性，這種策略顯著提升了 BERT 對語言結構的理解，使其在多種語言任務中表現出色，有助於模型更好地泛化到真實世界的語言應用中。

## 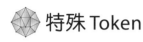 特殊 Token

在前面的幾個章節中，我們使用了 BERT Tokenizer 來訓練模型，在這個過程中，我們經常遇到如 [CLS]、[SEP] 等特殊 Token，接下來我們將探討這些 Token 的實際意義。

| Token | 功能説明 |
|---|---|
| [CLS] | 這個 Token 被置於輸入句子的開頭，主要用來總結句子的整體意義，常用於分類任務，例如：判斷句子的情感。 |
| [SEP] | 用來分隔不同的句子或段落。在處理多句子的輸入，如問答系統或對話場景中，[SEP] 有助於模型識別句子邊界。 |
| [MASK] | 在預訓練過程中使用，用於隨機遮罩一部分輸入 Token，以訓練模型預測被遮罩的詞。在微調階段，此 Token 通常不被使用。 |

在 BERT 中，[CLS] 標籤用來代表目前文字訊息。在先前的章節中，我們曾經使用整個 Transformer 的輸出，並透過線性分類器進行預測，但在 BERT 中，我們只使用這個 [CLS] 標籤的輸出來表示整個句子的資訊，這樣處理的原因是 Transformer 中的每一個輸出都能夠捕捉整個句子的資訊。[SEP] 這個 Token 除了廣泛運用在 NSP 任務上，我們還可以透過這個 Token，區分並處理多句文字，以便模型理解和分析句子間的連接性。

## 7·4 程式實作：使用 SQuAD 做 QA 問答

BERT 本質上是一個 Transformer Encoder，因此缺少生成文字的能力，因此它並非像 Seq2Seq 或 ChatGPT 那樣生成答案，而是透過分類的方法從文字中提取答案，

這意味著 BERT 需要從原始文章中找出答案的具體位置。在本章中，我們將聚焦於如何處理 SQuAD 2.0 資料集（ URL https://huggingface.co/datasets/GEM/squad_v2/blob/main/squad_data/train-v2.0.json ），使其適用於 BERT 模型的訓練，並有效地從文字中提取答案。

**01** 理解資料集的格式。

SQuAD 2.0（Stanford Question Answering Dataset）是一個用於機器閱讀理解的標準資料集，理解其資料格式是進行資料處理和模型訓練的基礎。該資料集以 JSON 格式儲存，每個 JSON 檔案包含以下結構：

- version：資料集的版本。
- data：包含文章、段落和問題的詳細訊息，是一個列表。
  - title：文章的標題。
  - paragraphs：包含多個段落的列表。
    - context：段落文字，提供問題的背景訊息。
    - qas：包含多個問題及其答案訊息的列表。
      - question：問題文字。
      - id：問題的唯一識別碼。
      - answers：包含一個或多個答案的列表，每個答案包括答案文字和答案的起始字元索引。
      - is_impossible：表示該問題是否無法從段落中找到答案。

```
{
    "version": "v2.0",
    "data": [
        {
```

```
    "title": " 文章標題 ",
    "paragraphs": [
      {
        "context": " 這是一個段落的文字，其中包含背景訊息。",
        "qas": [
          {
            "id": "001",
            "question": " 這裡的問題是什麼？",
            "answers": [
              {
                "text": " 這是答案。",
                "answer_start": 30
              }
            ],
            "is_impossible": false
          },
          {
            "id": "002",
            "question": " 這個問題的答案是什麼？",
            "answers": [],
            "is_impossible": true
          }
        ]
      }
    ]
  }
]
}
```

**02** **理解如何計算字元偏移。**

在 SQuAD 2.0 中，其答案位置是根據字元來計算，但是 BERT Tokenizer 所轉換
的文字則是根據子詞進行切割的，因此我們需要計算每一個答案位置的偏移量。

這裡我們可以選擇使用 BertTokenizerFast 類別來處理這個問題，原因是它支援回傳字元偏移映射（offset mapping），這對於重新計算答案的位置非常有用，我們可以先看以下程式碼中的效果。

```
from transformers import BertTokenizerFast

tokenizer = BertTokenizerFast.from_pretrained('bert-base-uncased')
tokenized_context = tokenizer('This is return_offsets_mapping example',
return_offsets_mapping=True)
print(tokenized_context)
# ----------------- 輸出 -----------------
{
    'input_ids': [101, 2023, 2003, 2709, 1035, 16396, 2015, 1035, 12375,
2742, 102],
    'token_type_ids': [0, 0, 0, 0, 0, 0, 0, 0, 0, 0, 0],
    'attention_mask': [1, 1, 1, 1, 1, 1, 1, 1, 1, 1, 1],
    'offset_mapping': [(0, 0), (0, 4), (5, 7), (8, 14), (14, 15), (15, 21),
(21, 22), (22, 23), (23, 30), (31, 38), (0, 0)]
}
```

在 offset_mapping 中，每個 Token 都會有一個對應的元組，這個元組中的 [0] 代表該 Token 在原始字元中的起始位置；而 [1] 代表該 Token 被切割成子詞後的結束位置，因此我們可以透過這個 offset_mapping 來重新計算起始答案與結尾答案的位置。

**03** 轉換資料格式。

因其結構複雜，我們需要先理解其 JSON 格式才能開始訓練模型，因此為了有效處理這些資料，我們需要先載入 JSON 檔案，並將其轉換成 CSV 的格式。我們要先透過 json.load 來讀取這個 Json 檔案。

```
import json

def load_data(json_file):
    with open(json_file, 'r', encoding='utf-8') as f:
        squad_data = json.load(f)
    return squad_data

squad_data = load_data('train-v2.0.json')
```

接下來，我們需要將 SQuAD 2.0 的資料格式轉換成更易於模型處理的格式，我們將建立一個名為「SquadProcessor」的類別來完成這一任務。這裡我們需要讓該類別接受 SQuAD 資料與計算字元偏移的 Tokenizer。

```
from transformers import BertTokenizerFast

class SquadProcessor:
    def __init__(self, squad_data, tokenizer_model):
        # 初始化 SquadProcessor 類別，設定資料和 tokenizer
        self.squad_data = squad_data
        self.tokenizer = BertTokenizerFast.from_pretrained(tokenizer_model)
```

我們需要定義一個方法，來提取答案的文字及其在上下文中的起始位置，並獲取每個 Token 的偏移映射，基於這個偏移，我們將建立一個新的 find_token_indices 方法，來找到答案的起始和結束 Token 索引。

```
def process_answers(self, answers, context, question, csv_data):
    # 處理每個答案，將答案和其在 context 中的位置轉換為 Token 索引
    for answer in answers:
        answer_text = answer['text']
        answer_start = answer['answer_start']
        answer_end = answer_start + len(answer_text)
```

```
        # 將 context 進行 Token 化，並獲取偏移映射
        tokenized_context = self.tokenizer(context, return_offsets_mapping=
True)
        # 找到答案的 Token 索引
        start_token_idx, end_token_idx = self.find_token_indices(tokenized_
context, answer_start, answer_end)

        if start_token_idx is not None and end_token_idx is not None:
            # 將結果追加到 csv 資料中
            csv_data.append([context, question, answer_text, start_token_
idx, end_token_idx])

def find_token_indices(self, tokenized_context, answer_start, answer_end):
    # 找到答案在 tokenized context 中的起始和結束 Token 索引
    start_token_idx = None
    end_token_idx = None
    for idx, (start, end) in enumerate(tokenized_context['offset_mapping']):
        if start == answer_start:
            start_token_idx = idx
        if end == answer_end:
            end_token_idx = idx
    return start_token_idx, end_token_idx
```

在我們實際更新字元偏移時，我們需要遍歷資料集中的每篇文章和每個段落，並對於每個問題，提取其問題文字、ID 以及是否有答案的標記。如果問題有答案，則呼叫剛才建立好的 process_answers 方法處理答案；如果問題無法回答，則追加空的答案資訊，這樣當模型遇到無法回答的問題時，就能夠拋出 -1, -1 的索引。

```
def parse_data(self):
    # 解析 SQuAD 資料，將處理過的結果存入 csv_data
    csv_data = []
    for article in self.squad_data['data']:
```

```
        for paragraph in article['paragraphs']:
            context = paragraph['context']
            for qa in paragraph['qas']:
                question = qa['question']
                is_impossible = qa['is_impossible']
                if not is_impossible:
                    # 若問題有答案，處理答案
                    self.process_answers(qa['answers'], context, question,
csv_data)
                else:
                    # 若問題無法回答，追加空的答案資訊
                    csv_data.append([context, question, '', -1, -1])
    return csv_data
```

最後我們藉由實體化該類別，並使用 parse_data 方法，這時可以看到答案的位置已經被修正，並且其資料格式也已經被轉換為列表型態了。

```
squad_processor = SquadProcessor(squad_data, 'bert-base-uncased')
csv_data = squad_processor.parse_data()
column_names = ['文章內容', '問題', '答案', 'Token起始位置', 'Token結尾位置']
first_row = csv_data[0]
for name, value in zip(column_names, first_row):
    print(f'{name}: {value}')
# ----------------- 輸出 -----------------
文章內容 : Beyoncé Giselle Knowles-Carter (/bi j nse / bee-YON-say) (born
September 4, 1981) is an American singer, songwriter, record producer and
actress. Born and raised in Houston, Texas, she performed in various singing
and dancing competitions as a child, and rose to fame in the late 1990s as
lead singer of R&B girl-group Destiny's Child. Managed by her father,
Mathew Knowles, the group became one of the world's best-selling girl groups
of all time. Their hiatus saw the release of Beyoncé's debut album,
Dangerously in Love (2003), which established her as a solo artist worldwide,
earned five Grammy Awards and featured the Billboard Hot 100 number-one
```

```
singles "Crazy in Love" and "Baby Boy".
問題：When did Beyonce start becoming popular?
答案：in the late 1990s
答案起始位置：67
答案結尾：70
```

**04** 儲存成 CSV 檔案。

我們將這個結果儲存成 CSV 檔案，如此我們就完成了從 SQuAD 2.0 的 JSON 格式到 CSV 格式的轉換，爲後續的模型訓練做好準備。

```
import pandas as pd

def save_to_csv(csv_data, output_file):
    df = pd.DataFrame(csv_data, columns=['context', 'question', 'answer',
'start_token_idx', 'end_token_idx'])
    df.to_csv(output_file, index=False, encoding='utf-8')

# 儲存至 CSV 檔案
save_to_csv(csv_data, 'squad2.0_converted.csv')
```

**05** 讀取 CSV 檔案，並打亂、切割資料集。

我們將整理好的 CSV 檔案讀入進來，並根據需求將資料集劃分爲「訓練集」和「驗證集」。這裡我們可以選擇使用 shuffle=True 參數來打亂資料集，確保訓練集和驗證集中都包含不同的文章內容、問題與答案。

```
import pandas as pd
from sklearn.model_selection import train_test_split

# 讀取 CSV 檔案，並只選取指定的 4 個欄位
df = pd.read_csv('squad2.0_converted.csv', usecols=['context', 'question',
```

```
'answer', 'start_token_idx', 'end_token_idx'])

train_df, valid_df = train_test_split(df, train_size=0.8, random_state=46,
shuffle=True)
```

**06** 建立 Pytorch DataLoader。

同樣的，我們需要將資料集轉換成 **PyTorch** 的 DataLoader 格式。在 collate_
fn 中，除了基本的 input_ids 和 attention_mask 之外，我們還需要手動加入
start_positions 和 end_positions，以讓模型知道我們的答案儲存於目前文字
的哪一個位置。

```
import torch
from torch.utils.data import Dataset, DataLoader

# 定義自定義 Dataset
class SquadDataset(Dataset):
    def __init__(self, dataframe, tokenizer):
        self.dataframe = dataframe
        self.tokenizer = tokenizer

    def __getitem__(self, index):
        item = self.dataframe.iloc[index]
        return item['context'], item['question'], item['start_token_idx'],
item['end_token_idx']

    def __len__(self):
        return len(self.dataframe)

    def collate_fn(self, batch):
        batch_contexts, batch_questions, batch_starts, batch_ends = zip(
*batch)
```

```
        encodings = self.tokenizer(
            batch_contexts,
            batch_questions,
            truncation=True,
            padding='longest',
            max_length=512,
            return_tensors='pt'
        )

        return {
            **encodings,    # input_ids, attention_mask, token_type_ids
            'start_positions': torch.tensor(batch_starts),
            'end_positions': torch.tensor(batch_ends)
        }

# 建立資料集
trainset = SquadDataset(train_df, tokenizer)
validset = SquadDataset(valid_df, tokenizer)

# 建立 DataLoader
train_loader = DataLoader(trainset, batch_size=16, shuffle=True, collate_
fn=trainset.collate_fn)
valid_loader = DataLoader(validset, batch_size=16, shuffle=True, collate_
fn=validset.collate_fn)
```

**07** 讀取 BERT 模型與建立優化器。

在這一步驟中，我們不必自己建立 BERT 模型，直接載入 Hugging Face 上的
BERT 模型即可，我們透過使用 BertForQuestionAnswering，便可以自動生成包
含兩個線性分類器的 BERT 模型。

```
from transformers import BertForQuestionAnswering
import torch.optim as optim
```

```
from transformers import get_cosine_with_hard_restarts_schedule_with_warmup

# 訓練設定
device = torch.device('cuda' if torch.cuda.is_available() else 'cpu')
# 載入 BERT 模型
model = BertForQuestionAnswering.from_pretrained('bert-base-uncased').to(
device)

optimizer = optim.AdamW(model.parameters(), lr=2e-4)
scheduler = get_cosine_with_hard_restarts_schedule_with_warmup(
        optimizer,
        num_warmup_steps=len(train_loader) * 0.2,
        num_training_steps=len(train_loader) * 10,
        num_cycles=1,
)
```

　　這裡我們將使用 AdamW 優化器來微調 BERT 模型，並利用 Warmup（學習率暖身）和餘弦退火（Cosine Annealing）學習率調整來動態調整學習率。

**08** 訓練模型。

　　在這一步驟中，我們將使用自定義的 Trainer 類來訓練模型，並觀察訓練和驗證過程中的結果。這段程式碼中，我們配置了訓練過程中的參數，包括訓練週期數、資料載入器、模型、優化器和學習率調整（Learning Rate Scheduler）。我們還設定了「提前停止機制」（Early Stopping），如果模型在連續三個週期內沒有改進，訓練將提前結束。

```
from trainer import Trainer
trainer = Trainer(
    epochs=10,
    train_loader=train_loader,
    valid_loader=valid_loader,
```

```
    model=model,
    optimizer=[optimizer],
    scheduler=[scheduler],
    early_stopping=3
)
trainer.train()
# ------------------ 輸出 ------------------
Train Epoch 1: 100%|          | 6506/6506 [14:03<00:00,  7.71it/s,
loss=1.159]
Valid Epoch 1: 100%|          | 1627/1627 [01:00<00:00, 26.71it/s,
loss=1.389]
Saving Model With Loss 0.97874
Train Loss: 0.87699| Valid Loss: 0.97874| Best Loss: 0.97874
```

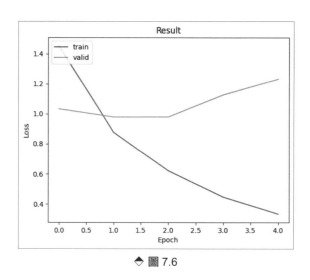

◆ 圖 7.6

我們可以觀察到，在第一個訓練週期結束後，模型的驗證損失值已經降至最低，這顯示出模型在初期訓練階段就已展現出良好的效能，這正是我們選擇使用預訓練模型的理由。

**09** 使用模型回答問題。

　接下來，我們將利用這個訓練好的模型進行推理並驗證結果。我們會從驗證集 valid_df 中選取一筆資料，並用訓練完成的模型對其進行推理。

```python
model.load_state_dict(torch.load('model.ckpt'))
model.eval()

# 從 valid_df 中獲取 context 和 question
context, question, tgt_answer, start, end = valid_df.values[5]
inputs = tokenizer(
    context,
    question,
    truncation=True,
    padding='longest',
    max_length=512,
    return_tensors='pt'
).to(device)

# 進行推理
with torch.no_grad():
    outputs = model(**inputs)
    start_scores = outputs.start_logits
    end_scores = outputs.end_logits

# 提取答案
start_index = torch.argmax(start_scores)
end_index = torch.argmax(end_scores)

# 確保 end_index 在 start_index 之後
if start_index <= end_index:
    answer_tokens = inputs['input_ids'][0][start_index:end_index + 1]
    answer = tokenizer.decode(answer_tokens)
```

```
else:
    answer = "Unable to find a valid answer."

# 輸出答案
print(' 文章內容 :', context)
print(' 問題 ', question)
print(" 答案 :", tgt_answer)
print(" 模型答案 :", answer)
# ----------------- 輸出 -----------------
文章內容 : In the latter part of the second revolution, Thomas Alva Edison
developed many devices that greatly influenced life around the world and is
often credited with the creation of the first industrial research laboratory.
In 1882, Edison switched on the world's first large-scale electrical supply
network that provided 110 volts direct current to fifty-nine customers in
lower Manhattan. Also toward the end of the second industrial revolution,
Nikola Tesla made many contributions in the field of electricity and
magnetism in the late 19th and early 20th centuries.
問題 How many volts did Thomas Edison's electrical supply provide?
答案 : 110 volts
模型答案 : 110 volts
```

我們可以看到，BERT 與我們之前在文字翻譯或文字摘要中使用的方法有所不同。在 BERT 中，所有任務都是以處理文字的形式進行，而在前面的章節中，我們所使用的方法主要是依賴於生成下一個文字的機率來完成任務。至於分類任務，則主要依賴兩個分類器來確定答案。

**10** 驗證準確率。

模型訓練完成後，我們需要評估其效能。我們將採取以下步驟，透過驗證集計算模型的準確率。首先，評估模型預測的起始和結束位置是否與目標位置相匹配，然後根據這些資料，計算出模型的最終準確率。

```
from tqdm import tqdm

def calculate_accuracy(validset, valid_loader, model, device):
    correct = 0
    model.eval()
    for input_datas in tqdm(valid_loader):
        input_datas = {k:v.to(device) for k,v in input_datas.items()}
        tgt_start = input_datas['start_positions']
        tgt_end = input_datas['end_positions']
        # 進行推論
        with torch.no_grad():
            outputs = model(**input_datas)
            start_scores = outputs.start_logits
            end_scores = outputs.end_logits
        # 提取答案索引
        start_index = torch.argmax(start_scores, dim=1)
        end_index = torch.argmax(end_scores, dim=1)

        # 檢查索引是否與目標索引匹配
        correct += ((start_index == tgt_start) & (end_index == tgt_end)).
sum().item()

    accuracy = correct / len(validset)
    return accuracy

# 使用 valid_loader 來計算準確率
accuracy = calculate_accuracy(validset, valid_loader, model, device)
print(f' 模型準確率 : {accuracy:.2%}')
# ---
100%|████████████████| 1627/1627 [01:01<00:00, 26.53it/s]
模型準確率 : 44.50%
```

不過，我們根據準確率的表現來看，其最佳結果也只有 45% 左右的成績，這是因為目前的模型可能沒有足夠的參數和結構來捕捉資料中的複雜模式，從而導致效能有限，同時該資料集的難度也較高，因此現在這種透過分類來回答文字的方式還是存在一些極限。

## 7·5 本章總結

在本章中，我們探討了「預訓練模型」（Pre-trained Model）的基本概念及其在深度學習中的重要性，並介紹了 BERT 模型採用的三層詞嵌入層和獨創的預訓練策略，使其在理解雙向上下文訊息方面表現出色。此外，在程式實作中，我們展示了這些技術如何提升模型的效能，並用 BERT 實作一個難度非常高的 QA 資料集，以幫助你理解該模型的強大能力。

# 8

# 暴力的美學GPT的
# 強大能力

如果將 BERT 視為 Transformer 架構中 Encoder 的代表，
那麼 GPT 則可視為 Decoder 的典範，但是單純 Decoder 的
模型相較於只使用 Encoder 的模型，理解語義內容，然而
GPT 的設計中，採用了一種簡單粗暴但有效的策略來解決這
些問題，就是「擴大模型規模」和「豐富訓練資料」，這也是
GPT 系列在訓練過程中經常使用的作法，因此本章將重點介
紹 GPT 家族在訓練過程中採用的方法。

## 本章學習大綱

- **理解 GPT 系列模型的訓練方式**：GPT 系列的模型往往都是採用無監督學習，這一點使其在進行訓練時不需要有標籤即可，而 GPT 系列的模型在此基礎上進行了一定的優化，使其成為通用的模型。

- **理解少樣本與模型之間的關係**：「少樣本」（Few-Shot）是一個在大型語言模型中的重要概念，其能夠幫助模型在未經過微調的情況下，進行更完善的推理，但是少樣本的效果需要模型的參數量夠大才能實現。

- **QA 問答實作練習**：在上一章節中，我們使用 BERT 做 QA 問答，這裡我們會使用生成的方式來進行 QA 問答，這時損失值的遮罩就需要有良好的設計與考量。

## 本章程式碼教材

URL https://reurl.cc/LWv7RX

# 8·1　GPT-1

　　GPT-1（Generative Pre-trained Transformer 1）是由 OpenAI 於 2018 年推出，爲 GPT 系列模型的首個版本，它在自然語言處理（NLP）領域中引入了一種基於無監督學習的自我迴歸方法，這一方法有效克服了傳統 NLP 模型依賴大規模標註資料進行監督學習的侷限。GPT-1 使用了 Transformer 架構，只使用了 Transformer 的解碼器部分，專注於生成任務。

## 自我迴歸

　　在 GPT-1 中，採用了一種名爲「自我迴歸」（Autoregressive）的方式進行訓練模型，利用之前的輸出來預測下一個詞，具體來說，給定一個詞序列 $x_1, x_2, \cdots, x_{t-1}$，模型的目標是預測下一個詞 $x_t$，我們可以看到其數學式如下：

$$y_t = c + \sum_{i=1}^{p} W_i X_{t-1} + \varepsilon_t$$

公式 8.1

　　GPT-1 主要使用來自維基百科、書籍語料庫等開放資料來源大量的未標註文字資料進行訓練，並透過模型以最大化條件機率 $P(X_t \mid x_1, x_2, \cdots, x_{t-1})$ 進行訓練，即學習了給先前的詞彙的情況下預測下一個詞。由於這樣的訓練方式，GPT-1 能夠透過推理生成不同領域的資料，而不像 BERT 需要經過微調才能夠使用。

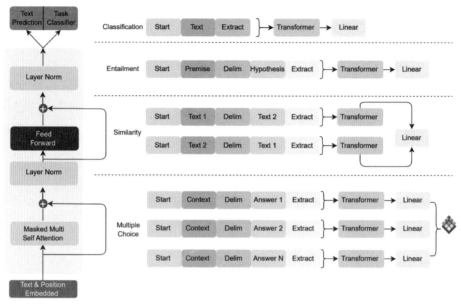

◆ 圖 8.1

雖然 GPT-1 被設計為一個通用模型，但由於僅使用 Decoder 部分，其在語義理解方面相對較弱，特別是在處理複雜語義關係時表現得特別明顯，同時自我迴歸方式需要依賴之前的所有輸入來預測下一個詞，這在長文字生成中可能導致訊息丟失和誤差累積，因此在處理某些任務時，仍需要進行微調，才能達到更好的效果。針對不同的任務，GPT 會採用不同的分類方式來處理，以下表格整理了各種任務的處理方法。

| 任務類型 | 輸入格式 | 方法描述 |
|---|---|---|
| 分類 | [BOS] 句子 [EOS] | 在輸出端加入一個線性分類器，以進行分類。 |
| 文字蘊涵 | [BOS] 句子 1 [SEP] 句子 2 [EOS] | 判斷 [SEP] 前後句子的邏輯關聯性，類似於 BERT 的 NSP 任務，用於評估一段文字是否在邏輯上支援或證實另一段文字。 |

| 任務類型 | 輸入格式 | 方法描述 |
|---|---|---|
| 相似度分析 | [BOS] 句子 1 [SEP] 句子 2 [EOS] | 首先透過孿生網路比對兩句話的輸出，然後利用迴歸分析計算出它們的相似度，這種格式也支援進行文字蘊涵的評估。 |
| 多項選擇題 | [BOS] 內容＋問題 [SEP] 答案 [EOS] | 將文章內容與問題結合，把答案視為第二句。此方法允許同時推理多個答案，通常透過特定演算法進行處理。 |

　　GPT-1 經過微調後，在九項自然語言處理資料集中表現卓越，成為 2018 年的領先模型（state-of-the-art，SOTA），雖然未經微調的 GPT-1 在各項任務中，也展現了一定的效果，但其泛化能力遠不如經過微調的有監督任務。

　　GPT-1 在各種 NLP 任務上，取得了令人矚目的成績，證明了預訓練語言模型的巨大潛力，然而 GPT-1 的參數規模和訓練資料量都相對較小，限制了其在更複雜任務上的表現。

## 8·2　GPT-2

　　OpenAI 在 GPT-1 的基礎上，一年後推出了 GPT-2，GPT-2 主要的改變在於大幅增加了模型參數量和訓練資料量，進一步驗證了模型容量和資料量決定效能的理念。具體而言，GPT-2 使用了約八倍於 GPT-1 的資料量，並將模型參數增加了四十倍，這一規模的提升，使得 GPT-2 能夠在更多元化的任務上表現出色。

　　GPT-2 的規模效應是顯而易見的，其參數量的巨幅提升，使得模型能夠捕捉到更豐富的語言結構和語義訊息，GPT-2 甚至能夠在未經過微調的狀態下，在七項 NLP

資料集上達到了 SOTA 水準，驗證了其模型在各種 NLP 任務中的通用性。這一結果不僅證明了模型規模和資料量的重要性，也為後續的研究指明了「更大的模型和更多的資料帶來更好的效能」。

然而，GPT-2 在某些任務中進行特定微調後，效能反而有所下降，這個現象可能是因為微調資料的特異性而導致模型過度擬合，從而失去了在廣泛任務上的通用性，抑或是小量的資料不足以對較大型的模型進行有效調整。這一問題強調了「在預訓練和微調之間取得平衡」是一項重要的挑戰，即如何在不損失預訓練模型通用性的前提下，透過微調來提升特定任務的效能。

此外，GPT-2 的推出，也引發了對 AI 生成文字潛在濫用的關注。OpenAI 最初選擇不公開 GPT-2 的完整模型，部分原因是擔心其可能被用於生成假新聞和垃圾訊息等用途，這一決定促使研究界更加重視 AI 的安全和倫理問題，同時 GPT-2 的成功，也激發了更多關於大規模預訓練語言模型的研究。

## 8·3 GPT-3

GPT-3 在模型規模和參數數量上的巨大飛躍，標誌著人工智慧領域的重大進展。相較之前的模型 GPT-3 採用了 1750 億個參數，這一數量遠超過當時第二大的模型參數量 200 億，如此大規模的模型在訓練過程中需要處理巨量的資料，因此 OpenAI 使用了約 45TB 的網際網路資料來訓練 GPT-3。透過這種方式，GPT-3 不僅提高了模型的表現，還展示了大規模預訓練模型在處理自然語言任務上的潛力。

# MAML（Model-Agnostic Meta-Learning）

　　GPT-3 在訓練過程中，採用了「元學習」（Meta Learning）的策略，這是一種透過學習結果來進行學習的方法。元學習的核心在於，讓模型能夠透過少量的新任務資料迅速適應新的任務，這一點對實現通用語言模型尤為重要。在元學習策略中，MAML（Model-Agnostic Meta-Learning）是一種有效的方法，這個過程會不斷重複內部迴圈和外部迴圈，讓我們以一個具體的例子來說明 MAML 如何工作。

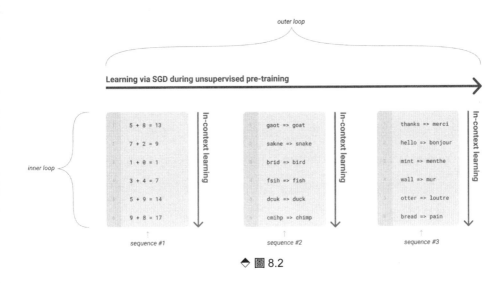

◆ 圖 8.2

　　假設我們正在訓練一個模型來解決數字圖像識別的任務（如手寫數字識別），並且我們希望模型能夠快速適應新的數字類別。假設有三個任務：識別數字 0-3、4-6 和 7-9，我們希望透過訓練來使模型能夠看到新數字類別時快速適應。

| 過程 | 任務一：數字 0-3 | 任務二：數字 4-6 | 任務三：數字 7-9 |
|---|---|---|---|
| 內部迴圈 | 在任務一上進行梯度更新，優化模型以識別數字 0-3。 | 在任務二上進行梯度更新，優化模型以識別數字 4-6。 | 在任務三上進行梯度更新，優化模型以識別數字 7-9。 |

| 過程 | 任務一：數字 0-3 | 任務二：數字 4-6 | 任務三：數字 7-9 |
|---|---|---|---|
| 外部迴圈 | 根據三個任務的學習結果，更新模型初始參數。 | 同上。 | 同上。 |

假設有一個新的任務是「識別特殊格式的數字 5」，模型使用已經從上述三個任務中學到的初始參數，只需少量的樣本和幾次更新，即可達到較高的識別準確率。這個例子展示了 MAML 如何透過元學習的方法，在多任務學習中找到一個適合快速適應新任務的模型初始化點，從而遇到新類型的資料時，能夠迅速調整和學習。

## 少樣本（Few-Shot）與零樣本（Zero-Shot）

我們在 GPT-2 時期就知道模型參數量與資料集越大時，模型能夠根據現有的知識完成不同的 NLP 任務，而這一概念在 GPT-3 的論文中，才被正式定義為「零樣本學習」（Zero-Shot Learning）。該方法是指模型在沒有見過任何特定類別的訓練樣本情況下，能夠對這些類別進行準確預測的能力，其核心在於利用已有知識和外部訊息進行推理和判斷。

這種概念就像是我們已經學習過「斑馬」這種物種的特徵時，我們透過其他文字敘述，例如：「黑白條紋」和「生活在非洲草原」，就能夠識別「斑馬」一樣，模型也能透過這種方式進行推理，因此這也解釋了為什麼當我們詢問 ChatGPT 這類模型時，它能夠回應我們不同問題。

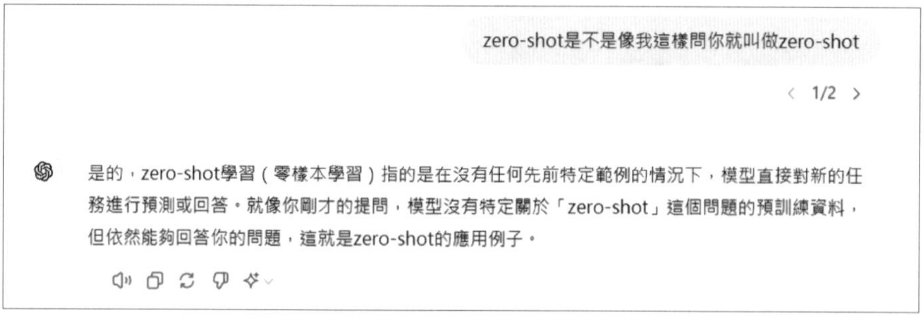

◆ 圖 8.3

　　「少樣本學習」（Few-Shot Learning，FSL）是指在只有少量訓練樣本的情況下，訓練出能夠進行準確預測的模型，其關鍵在於提高模型的泛化能力，使其能夠從少量樣本中學習到有效特徵。這項能力之所以能有較好的表現，歸功於前面提到的 MAML 演算法，因為 MAML 演算法能夠快速調整模型的參數，使其能夠適應新任務，從而提高模型在少量樣本情況下的學習效率和準確性。簡單來說，少樣本學習就是在提問模型時給予它一些歷史資料，讓模型能夠從這些歷史資料中進行推理出答案。

◆ 圖 8.4

　　例如：我們在上述的例子中，透過少樣本（Few-Shot）的方式改寫模型對於數學理論的常識，讓模型能夠根據這些歷史資料產生符合我們任務需求的結果。這種方式在上下文中獲取訊息和示例，並基於這些訊息進行學習和推斷，而不需要對模型參數進行顯式調整，這也叫做「上下文學習」（In-Context Learning）。

> **QUICK TIPS**　「少樣本學習」（Few-shot Learning）可以被看作是「上下文學習」（In-Context Learning）的一種應用形式，上下文學習本身是一個更廣義的概念，表示模型根據上下文示例進行學習，而少樣本學習特別強調只需少量示例，即可有效學習和應用。

## 少樣本與參數量之間的相關性

GPT-3 的實驗結果強調了模型參數量的增加和少樣本學習的結合，對於模型效能提升的重要性，在不同的自然語言處理任務中，增加適當的少樣本，能夠顯著提高模型的效果，這一發現尤其在翻譯任務中得到了明確的證實，具體來說，提供明確的上下文提示，使得翻譯品質有了顯著的提升。

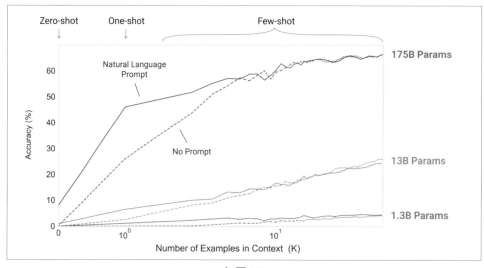

◆ 圖 8.5

首先，模型參數量的增加，意味著模型擁有更大的容量去學習和記憶大量的語言模式和知識，這在 GPT-3 中尤為明顯，該模型包含了 1750 億個參數，相較於其前代模型 GPT-2 的 15 億個參數，提升了數個量級。這樣的增長，使得模型能夠捕捉到更加細微和複雜的語言現象，從而在多種自然語言處理任務中，展現出更強的效能。研究者們發現，即使只提供少樣本（如 1 到 5 個示例），模型也能夠顯著提升其在新任務上的表現，這種能力對於實際應用具有重要意義，尤其是在那些資料收集困難、成本高昂或資料稀缺的場景中。透過少樣本學習，我們可以大大減少對大量訓練資料的依賴，同時保持模型的高效性和準確性。

#  提示學習（Prompting Learning）

「提示學習」（Prompt Learning）在 GPT-3 的效能提升中扮演了關鍵角色，提示（Prompting）是指在模型輸入的開始部分提供明確的語境設定，以引導模型生成符合期望的回答。例如：在進行翻譯任務時，輸入「翻譯中文到英文」這樣的語境提示，能夠幫助模型理解當前的任務是翻譯，從而生成更為準確的翻譯結果。

在 GPT-3 的實驗中，研究者們比較了「有提示」和「無提示」情境下的模型效能，結果顯示了在有提示的情境下，模型能夠更好地理解任務要求，從而在多種自然語言處理任務中展現出更優秀的效能。這一點在翻譯任務中尤為明顯，提供適當的上下文提示，能夠顯著提高翻譯的品質和準確性。

## 8·4 程式實作：用生成式 AI 來回答問題

在這次的實作中，因為我們使用的模型只有 Decoder，所以資料處理和訓練策略會有所不同，主要的難度在於如何讓 Decoder 關注它該生成的目標資料，使得模型能更好地生成符合我們需求的格式，並設計合適的提示（Prompt）來引導模型完成任務。

### 01 資料集的讀取與初步處理。

在這個步驟中，我們首先需要讀取上一章節中整理完畢的 SQuAD 2.0 資料集，並載入 GPT-2 的 Tokenizer，不過由於 GPT-2 模型沒有專用的 Padding Token，我們將選用 EOS Token 來替代，因為每個模型都需要 EOS Token 來停止生成文字。

```
import pandas as pd
from sklearn.model_selection import train_test_split
from transformers import AutoTokenizer

tokenizer = AutoTokenizer.from_pretrained("openai-community/gpt2")
# 由於 GPT-2 沒有 PAD token 所以使用 EOS Token
tokenizer.pad_token_id = tokenizer.eos_token_id

# 讀取 CSV 檔案，並只選取指定的 3 個欄位
df = pd.read_csv('squad2.0_converted.csv', usecols=['context', 'question',
'answer'])
df = df.fillna('nan')
```

這裡我們只需要提取 context、question 和 answer 這三個欄位，因為模型是透過生成文字來處理任務，我們不需要讀取起始與結尾位置。接下來，為了讓模型能夠正常運算，我們用字串版本的「nan」來代表該問題無解的狀況。

**02** 使用 Prompt 加強文字的特徵。

我們需要在各自的欄位前加入提示，這樣模型可以更容易理解這些文章特徵。這裡不需要設定 BOS Token，因為我們的文字都用「### Context:\n」開頭，因此這幾個 Token 可以被視為我們的 BOS Token。至於 EOS 部分，我們可以在回答後方透過 tokenizer.eos_token 來加入。

```
# 加入 Prompt
df['context'] = '### Context:\n' + df['context']
df['question'] = '\n### Question:\n' + df['question']

# 在答案後方加入 EOS token 表示文字結尾
df['answer'] = '\n### Answer:\n' + df['answer'] + tokenizer.eos_token
```

透過以上步驟，我們將 SQuAD 2.0 資料集中的每條紀錄轉換成所需的資料格式，如此模型在訓練時能夠更加理解這些文字訊息；同樣的，我們還需要劃分「訓練集」和「驗證集」，讓模型能找出更好的結果。

```
train_df, valid_df = train_test_split(df, train_size=0.8, random_state=46,
shuffle=True)
print(train_df['context'][0], end='')
print(train_df['question'][0], end='')
print(train_df['answer'][0])
# ----------------- 輸出 -----------------
### Context:
Beyoncé Giselle Knowles-Carter (/bi j nse  / bee-YON-say) (born September 4,
1981) is an American singer, songwriter, record producer and actress. Born
and raised in Houston, Texas, she performed in various singing and dancing
competitions as a child, and rose to fame in the late 1990s as lead singer
of R&B girl-group Destiny's Child. Managed by her father, Mathew Knowles,
the group became one of the world's best-selling girl groups of all time.
Their hiatus saw the release of Beyoncé's debut album, Dangerously in Love
(2003), which established her as a solo artist worldwide, earned five Grammy
Awards and featured the Billboard Hot 100 number-one singles "Crazy in
Love" and "Baby Boy".
### Question:
When did Beyonce start becoming popular?
### Answer:
in the late 1990s<|endoftext|>
```

**03** 轉換成 Pytorch DataLoader。

接下來，我們同樣使用 `DataLoader` 來處理文字資料，不過這次在處理文字的方式上會有一些難度，由於我們的目標不是讓模型進行文字接龍，而是希望模型將重點放在答案生成上，因此我們需要在 `labels` 中將答案以外的所有資訊都轉換成 -100，這樣模型在計算損失值時，就只會考慮到答案的文字資訊。

由於 GPT-2 的損失值使用的是 NLLLoss，而在 Pytorch 中，該損失函數在遇到 -100 時，會自動忽略相應的損失值，因此我們在使用這些預訓練模型時，若遇到想忽略的 Token，就會將其轉換成 -100。

然而，由於 Tokenizer 並未幫我們自動化這一功能，因此我們需要手動合併與整理這些資料，這裡我們需要透過 input_ids 和 attention_mask 的資訊，來幫助我們轉換這些資料格式，為了方便取得這些資料的功能分離出來，使其能夠被後續的 collate_fn 使用。

```python
import torch
from torch.utils.data import Dataset, DataLoader

class SquadDataset(Dataset):
    def __init__(self, dataframe, tokenizer):
        self.dataframe = dataframe
        self.tokenizer = tokenizer

    def __getitem__(self, index):
        item = self.dataframe.iloc[index]
        return item['context'], item['question'], item['answer']

    def __len__(self):
        return len(self.dataframe)

    # 將文字進行分詞
    def tokenize_data(self, texts, max_length=512):
        tokenized_inputs = self.tokenizer(
            list(texts),
            truncation=True,
            padding='longest',
            max_length=max_length,
            return_tensors='pt',
```

```
        )

        return tokenized_inputs.input_ids, tokenized_inputs.attention_
mask
```

而在 collate_fn 中，我們需要定義一些方法來更好地處理文字輸入部分，在這部分，我們需要注意 GPT-2 的最大輸入只能支援 1024 個 Token，因此我們遇到超過 1024 個 Token 時，將會捨棄一些 contexts 的內容，因爲這些 contexts 會在訓練中重複數次，但 question 與 answers 則只會有一組。

在處理 labels 時，我們可以先透過 torch.full 來建立一個與 contexts 和 question 這兩個資料相等的 -100 矩陣，接著計算出 answers 被填補的索引值，最後透過 torch.cat 將這些資料組合起來，就完成 labels 的轉換了。

```
# 定義資料載入過程中的資料整理方法
def collate_fn(self, batch):
    contexts, questions, answers = zip(*batch)

    # 輸入和答案
    question_ids, question_attention_mask = self.tokenize_data(questions)
    answer_ids, answer_attention_mask = self.tokenize_data(answers)
    context_ids, context_attention_mask = self.tokenize_data(contexts,
max_length=1024-answer_ids.shape[1]-question_ids.shape[1])

    # 模型的輸入 = context_ids + question_ids + answer_ids
    combined_input_ids = torch.cat((context_ids, question_ids, answer_ids),
dim=-1)
    # 模型的 MASK = context_attention_mask + question_attention_mask +
answer_attention_mask
    combined_attention_mask = torch.cat((context_attention_mask, question_
attention_mask, answer_attention_mask), dim=-1)
```

```
    # 模型的標籤 = context_ids * [-100] + question_ids * [-100] + answer_
ids + [EOS]
    context_ignore_mask = torch.full((context_ids.shape[0], context_ids.
shape[-1]), -100) # 產生 context_ids * [-100]
    question_ignore_mask = torch.full((question_ids.shape[0], question_
ids.shape[-1]), -100) # 產生 question_ids * [-100]
    answer_ignore_indices = (answer_attention_mask == 0) # 找出 Answer 的
[PAD] idx
    answer_ids[answer_ignore_indices] = -100 # 將 Answer 為 [PAD] 的部分轉換
成 -100
    combined_answers = torch.cat((context_ignore_mask, question_ignore_
mask, answer_ids), dim=-1) #context_ignore_mask + question_ignore_mask +
answer_ids

    return {
        'input_ids': combined_input_ids,
        'attention_mask': combined_attention_mask,
        'labels': combined_answers,
    }
```

最後，與先前相同，我們將資料傳入剛才建立好的類別，即可完成初始化的動作了。

```
# 建立資料集
trainset = SquadDataset(train_df, tokenizer)
validset = SquadDataset(valid_df, tokenizer)

# 建立 DataLoader
train_loader = DataLoader(trainset, batch_size=4, shuffle=True, collate_fn
=trainset.collate_fn)
valid_loader = DataLoader(validset, batch_size=4, shuffle=True, collate_fn
=validset.collate_fn)
next(iter(train_loader))
```

**04** 讀取模型與設定優化器。

　　同樣的，我們直接透過 Huggingface 讀取 GPT-2 的模型。在第一個週期內的 20% 時間內，我們使用 Warmup 進行排程，然後在後續階段使用餘弦退火法進行訓練。由於其 Token 最多可以達到 1024 個，且該模型的推理速度也較 Encoder 慢，這次訓練會花費較多的時間，因此我們除了需要降低 Batch size 的配置之外，對電腦硬體設備的需求也將會增加。

```python
import torch.optim as optim
from transformers import get_cosine_with_hard_restarts_schedule_with_warmup
from transformers import AutoModelForCausalLM

# 訓練設定
device = torch.device('cuda' if torch.cuda.is_available() else 'cpu')
model = AutoModelForCausalLM.from_pretrained("openai-community/gpt2").to
(device)

optimizer = optim.AdamW(model.parameters(), lr=5e-5)
scheduler = get_cosine_with_hard_restarts_schedule_with_warmup(
        optimizer,
        num_warmup_steps=len(train_loader) * 0.2,
        num_training_steps=len(train_loader) * 10,
        num_cycles=1,
)
```

**05** 訓練模型。

　　我們從訓練的結果可以看出，與 BERT 相比，我們模型的驗證損失值更爲穩定。即使訓練進入後期，其損失基本上不會有顯著變動，這是因爲我們的模型關注的損失值僅限於答案部分，因此回傳給模型的損失值相對較少，這樣的方式能更好地對這類生成式 AI 進行更精細的微調。

```
from trainer import Trainer
trainer = Trainer(
    epochs=10,
    train_loader=train_loader,
    valid_loader=valid_loader,
    model=model,
    optimizer=[optimizer],
    scheduler=[scheduler],
    early_stopping=3,
    device=device
)
trainer.train()
# ------------------ 輸出 ------------------
Train Epoch 5: 100%|            | 26021/26021 [27:23<00:00,
15.83it/s, loss=0.090]
Valid Epoch 5: 100%|            | 6506/6506 [02:28<00:00, 43.72it/s,
loss=0.584]
Train Loss: 0.13366| Valid Loss: 0.48269| Best Loss: 0.47061
```

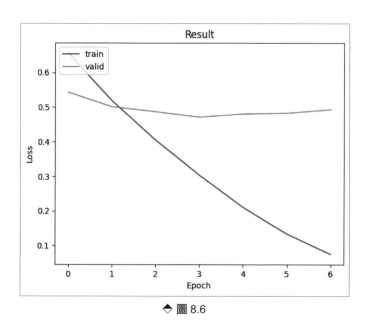

◆ 圖 8.6

**06** 用訓練好的模型生成文字。

而在這類生成式的語言模型中，由於需要先生成答案，才能夠計算其準確率，因此在這裡我們需要撰寫一個推理函數。在推理過程中，我們將上下文和問題合併，並加上標記「\n### Answer:\n」，以指示模型接下來需要生成的答案。設定「do_sample=False」，意味著模型會採用貪婪搜尋來預測最高機率的文字，而不是進行隨機抽樣。

```python
# 載入模型和設定評估模式
model.load_state_dict(torch.load('model.ckpt'))
model.eval()

def inference(model, tokenizer, context, question, device):
    inference_data = f"{context}{question}\n### Answer:\n"
    try:
        inputs = tokenizer(inference_data, max_length=1024, truncation=
True, return_tensors='pt').to(device)
        with torch.no_grad():
            outputs = model.generate(**inputs, max_new_tokens=1024, do_
sample=False)

        # 解碼並提取答案部分
        generated_text = tokenizer.decode(outputs[0], skip_special_tokens=
True)
        answer = generated_text.split('\n### Answer:\n')[1].strip()

        return answer
    except:
        return 'Error'
```

接下來，我們可以從驗證集中隨機抽取一個結果，來看看模型的生成效果。

```
# 載入模型和設定評估模式
model.load_state_dict(torch.load('model.ckpt'))
model.eval()

# 指定要進行推理的索引
idx = 7

# 準備推理資料
context = valid_df['context'].values[idx]
question = valid_df['question'].values[idx]
answer = valid_df['answer'].values[idx]

# 進行推理
model.generation_config.pad_token_id = tokenizer.eos_token_id
model_answer = inference(model, tokenizer, context, question, device)

# 輸出原始上下文、問題、真實答案和模型生成的答案
print(f"{context}")
print(f"{question}")
print(f"{answer.split(tokenizer.eos_token)[0]}")
print("\n### Model Answer:\n" + model_answer)
# ----------------- 輸出 -----------------
### Context:
At her Silver Jubilee in 1977, the crowds and celebrations were genuinely
enthusiastic, but in the 1980s, public criticism of the royal family
increased, as the personal and working lives of Elizabeth's children came
under media scrutiny. Elizabeth's popularity sank to a low point in the
1990s. Under pressure from public opinion, she began to pay income tax for
the first time, and Buckingham Palace was opened to the public. Discontent
with the monarchy reached its peak on the death of Diana, Princess of
Wales, though Elizabeth's personal popularity and support for the monarchy
rebounded after her live television broadcast to the world five days after
Diana's death.
### Question:
```

```
What did Elizabeth start paying in the 1990s?
### Answer:
income tax
### Model Answer:
income tax
```

這時我們可以看到模型成功生成了正確答案「income tax」，而不是以文字接龍的模式自行產生新的結果，這代表我們的損失值遮罩策略對於這種生成式 AI 有很好的效果。

**07 驗證準確率。**

接下來，為了全面評估模型在驗證集上的表現，我們需要計算其準確率，使用 inference 函數對每一條資料進行推理，生成模型答案。

```
def calculate_accuracy(model, tokenizer, valid_df, validset, device):
    contexts = valid_df['context'].values
    questions = valid_df['question'].values
    answers = valid_df['answer'].values
    correct = 0
    for context, question, true_answer in zip(contexts, questions, answers):
        model_answer = inference(model, tokenizer, context, question,
device)
        true_answer= true_answer.split('\n### Answer:\n')[1].replace(
'<|endoftext|>', '')
        if model_answer.strip() == true_answer.strip():
            correct += 1
    return correct / len(validset)

accuracy = calculate_accuracy(validset, valid_loader, model, device)
print(f'模型準確率：{accuracy:.2%}')
# ----------------- 輸出 ------------------
模型準確率：16.90%
```

透過上述步驟，我們可以發現雖然 GPT-2 在回答問題時表現正確，但在該資料集上的評估效果並不理想，這是因為**其訓練資料格式更適合 BERT 的分類方式，而不是 GPT-2 這類生成式模型**。由於 GPT-2 容易生成多餘的文字，因此在評估準確率這類指標時，其表現會不如預期。

## 8·5 本章總結

在本章中，我們探討了 GPT 系列模型的演進歷程及其在自然語言處理領域中的重要貢獻，並從「模型規模」和「訓練資料量」兩個角度，理解它們對提升模型效能的關鍵影響。GPT 系列模型透過「無監督學習」和「自迴歸方式」進行訓練，不依賴標註資料，隨著參數量和訓練資料量的增加，逐步提升其對語言結構和語義的捕捉能力。

此外，我們也深入了解了「少樣本學習」和「零樣本學習」的重要性，特別是 GPT-3 在缺乏訓練樣本的情況下，依賴已有知識進行準確推理的能力，這進一步證明了擴大模型規模與增強泛化能力之間的密切關聯。透過 GPT 系列模型的演進，我們強調了「擴大模型規模」和「增加訓練資料量」的重要性，並展示了生成式模型在自然語言處理中的巨大潛力與面臨的挑戰。

# 9

# 大型語言模型時代
# 的起點

因為大型語言模型的發展，我們見證了人工智慧從科幻故事中
的角色變成現實生活中的得力助手，現在的語言模型不僅能理
解我們的語言，還能與我們進行深度交流，甚至創作出令人驚
艷的文章，這一切都源自於龐大的資料與強大的計算能力。在
本章中，我們將會告訴你這些大型語言模型是如何被訓練的。

## 本章學習大綱

- **提示與指示的差異**：在本章中，將透過比對 GPT 和 InstrictGPT 來告訴你「提示」（Prompting）與「指示」（Instruction）所造成的影響，且爲何應該使用指示而不是用提示的方式訓練模型。

- **GPT API 的申請方式**：在本章中，我們不是使用 OpenAI 官方的 API，而是使用 Azure 的 API，來讓我們能寫程式與 ChatGPT 進行溝通，因此我將教你該如何取得這些 API。

- **Linebot few-shot 實作練習**：使用 Linebot 進行少樣本（Few-Shot），我們需要透過 Line Developers 平台建立機器人，並使用 ChatGPT 的 API 進行文字生成，而在這個對話流程中，我會告訴你怎麼分析文字的相似度，以找出使用者最需要的答案，並讓模型能根據學習應對不同的使用者需求。

## 本章程式碼教材

URL https://reurl.cc/4rk3Zj

# 9·1　InstructGPT

　　在自然語言處理領域，GPT-3 的出現標誌著生成預訓練模型技術的一大飛躍，儘管 GPT-3 在許多任務上表現得十分出色，它仍存在一些顯著的隱患和侷限性，如生成攻擊性內容、涉及隱私的訊息等。

　　為了改進這些方面，InstructGPT 應運而生。InstructGPT 是基於 GPT-3 微調的語言模型，其作用是透過名為「指示學習」（Instruction learning）的學習方式提升模型的回應品質。下面我們將深入探討 InstructGPT 的核心技術—「指示學習」以及其與 GPT-3 的「提示學習」的差異。

## 提示學習（Prompt learning）與指示學習（Instruction learning）

　　「提示學習」（Prompt learning）是 GPT-3 最初使用的主要訓練和推理方法，這種方法的核心思想是透過提示（Prompt）引導模型生成期望的文字輸出。在提示學習中，我們提供給模型一個輸入格式，包括上下文（context）、問題（question）、答案（answer）等部分，這種輸入格式能夠引導模型在回答問題時，從歷史紀錄中推理，並生成正確的答案。例如：在問答任務的微調過程中，我們可能會設定如下格式：

```
context: 這是輸入的背景訊息。
question: 這是提出的問題。
answer: 這是模型生成的答案。
```

透過這樣的提示，模型能夠在生成「answer:」這一部分時，根據提供的上下文和問題生成合理的答案，這種方式屬於填空式的文字生成方法，即模型透過上下文填補空白來生成完整的回答。

與 GPT-3 的提示學習不同，InstructGPT 採用「指示學習」的方法，這種方法的核心思想是在輸入的文字中增加指導性訊息（Instruction），使模型能夠更清楚理解任務要求，從而生成更高品質的回答。指示學習不僅給模型提示，還明確告訴模型應該如何完成任務，例如：

```
Instruction: 請根據以下上下文回答問題。
context: 這是輸入的背景訊息。
question: 這是提出的問題。
```

指示學習的另一個重要優勢是，除了它能夠顯著提高生成內容的品質外，同時還能避免生成攻擊性或涉及隱私的訊息，這是因為這些指示性訊息能夠明確限制模型的輸出範圍，使其在生成內容時更加謹慎。例如：我們可以透過指示來要求模型避免生成某些類型的內容：

```
Instruction: 請回答以下問題，但請避免使用任何涉及隱私或攻擊性的語言。
context: 這是輸入的背景訊息。
question: 這是提出的問題。
```

在微調策略上，指示學習和提示學習也存在差異。「提示學習」主要依賴大量的示例和提示，透過填空式的訓練來使模型學習如何生成正確的回答。例如：在一個問答任務中，我們可能會給模型以下的提示：

```
context: 地球是太陽系中的哪顆行星？
question: 地球是第幾顆行星？
answer: 第三顆行星。
```

透過這樣的提示，模型會學習到在給予類似上下文和問題時生成正確的回答。

「指示學習」則更注重明確指示和任務定義，在訓練資料中加入大量的指示性訊息，使模型能夠更加理解和執行任務。以下是使用「指示學習」方法進行相同任務的示例：

```
Instruction: 根據提供的背景訊息回答問題。
context: 地球是太陽系中的哪顆行星？
question: 地球是第幾顆行星？
answer: 第三顆行星。
```

在這種情況下，指示性訊息使得模型能夠更清楚理解它需要根據背景訊息來回答問題，而不僅僅是依賴於上下文和提示。提示學習與指示學習的比較如下：

| 項目 | 提示學習<br>（Prompt Learning） | 指示學習<br>（Instruction Learning） |
|---|---|---|
| 核心思想 | 透過提示（Prompt）引導模型生成期望的文字輸出。 | 在輸入文字中增加指導性訊息（Instruction），使模型能夠更清楚理解任務要求。 |
| 依賴示例 | 需要大量的上下文、問題和答案示例來學習模式。 | 不僅僅依賴示例，而是透過明確的指示來了解任務要求。 |
| 訓練方式 | 填空式訓練，模型學會從提供的提示中填補空白，生成完整的回答。 | 在訓練資料中加入大量的指示性訊息，使模型更好地理解和執行任務。 |
| 驅動方式 | 範例驅動，依賴歷史資料中的模式。 | 指示驅動，明確定義任務的目的和要求。 |
| 適應性 | 可能對新的或未見過的問題適應性較差。 | 在面對新的或未見過的任務時，能夠更好地適應和應對。 |
| 生成內容品質 | 依賴提示品質，生成內容的品質可能不穩定。 | 明確指示可以顯著提高生成內容的品質。 |

| 項目 | 提示學習<br>（Prompt Learning） | 指示學習<br>（Instruction Learning） |
|---|---|---|
| 避免不當內容 | 對提示中未包含的風險內容較難避免。 | 指示性訊息能夠明確限制輸出範圍，避免生成攻擊性或涉及隱私的訊息。 |

在實際應用中，InstructGPT 在應對複雜任務和生成高品質內容方面具有明顯優勢，例如：在需要模型遵循特定規則或生成特定格式的內容時，指示學習能夠提供更好的指導，使模型的輸出更加符合預期。

## 強化學習與人類反饋（RLHF）

在 InstructGPT 中還加入了「強化學習與人類反饋」（Reinforcement Learning with Human Feedback，簡稱 RLHF）這一方法，其核心思想是利用人類的評判和反饋來指導模型的訓練過程，從而提高模型生成結果的品質和可靠性。在實際操作中，RLHF 透過設定特定的懲罰機制，InstructGPT 能夠更有效避免生成危險或不適當的內容，如色情、暴力、違法訊息等，同時在 RLHF 的持續優化下，模型生成的內容品質大幅提升，能夠更準確理解和回應複雜的指令和提示。

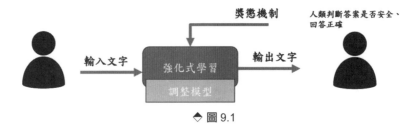

◆ 圖 9.1

運用「指示學習」、「提示學習」及「RLHF」等三種技術的結合來調整 GPT-3 模型，可使 InstructGPT 變得更安全，且其生成能力更強。

# 9·2 ChatGPT

從 InstructGPT 到 ChatGPT 的發展歷程中，OpenAI 陸陸續續開發出了一些微調 GPT 3，來專門解決特定任務的模型。例如：幫助我們撰寫程式的 code-davinci-002 或 text-davinci-003，但是這些都不足以代表目前 ChatGPT 的方式，我們現今所看到的 ChatGPT 是一款專為聊天而生的模型，其背後的模型目前有三種，分別是 GPT 3.5、4.0 和 4o，這些版本不僅在模型規模和效能上有顯著提升，並且主要針對了使用者體驗、應用場景和安全性等方面做了非常多的改良，不過這些模型是尚未開放原始碼的，因此我們在本章將會探討與猜測這些模型可能採取了哪些策略和做了什麼改良。

ChatGPT 3.5 是基於 GPT-3 模型進行微調後的版本。在我們的網頁版本中，使用者使用的正是免費且無限量的 ChatGPT 3.5 版本，此版本主要透過擴充和多樣化的訓練資料集來提升效能，使得 ChatGPT 3.5 能夠更精確理解和生成各類型的文字內容。這個版本也是首個專門為聊天設計的版本，因此被命名為「ChatGPT」。

從生成效果來看，這一模型的參數量可能已經遠遠超過 GPT-3 的 1750 億參數，為了維持這樣的系統，OpenAI 需要花費大量的電力與金錢來維持這些設備，而 OpenAI 願意這樣做的原因很簡單，就是希望以 RLHF（Reinforcement Learning from Human Feedback）方式，透過我們與 ChatGPT 的對話來獲得模型生成結果，並根據使用者對話內容進行調整。OpenAI 透過這種免費開放使用的方式來提升模型的效果，而導致許多企業擔心使用了 ChatGPT，會洩露公司的內部機密。

我們在網頁上看到的 ChatGPT 並不僅僅是 GPT 3.5 這一個模型,它還可能使用了文字相似度檢測技術,我們可以從使用 GPT 時發現的情況推測:當輸入超過 16k 個 Token 時,模型會出錯;而將輸入分段後,不論輸入多長,模型都能順利地接續上下文,由此我們可以推斷 ChatGPT 可能具備某種相關的檢測技術,能將相似度較高的文字資訊作爲上下文訊息,使模型能順利繼續對話。

GPT-3.5 雖然擁有強大的語言處理能力,但在安全性方面仍有待加強。我們很容易透過誘導的方式,來讓 GPT-3.5 生成一些不該生成的資料,例如:當我們輸入 DAN(Do Anything Now)指令後,再加上一些攻擊模型的方法,就可能讓 GPT 生成不該生成的資料;這種指令的概念是讓 GPT 扮演一個角色,並嘗試用這個角色的特性去覆蓋掉 ChatGPT 的預設指令。這類指令通常都會非常冗長,這是「上下文學習」(In-Context Learning)的特性之一:當我們輸入的文字長度夠長後,原始所下達的指令就會變得比較模糊,使得我們新下達的指令能脫離原始指令的控制。

ChatGPT 也擁有許多用來檢測有害言論的模型。當我們對 ChatGPT 下達某些敏感指令時,會發現模型生成的文字在某一點被中斷,並提示 ChatGPT 無法生成有害訊息,因此我們可以推測 ChatGPT 使用這種方式來防止不當行爲。

# ⬡ GPT-4

GPT-4 與前一版本 GPT-3.5 之間的主要差異,不僅在於它是一個多模態模型,這一特性顯著提升其能力,使其能夠結合語言和影像中的特徵進行學習和推理;除此之外,GPT-4 還有其他幾個關鍵改進,使其成爲更強大、更智慧的語言模型。

GPT-4 的多模態特性是一個重大突破,它不僅可以處理文字輸入,還能夠理解和生成基於影像的內容,這意味著使用者可以提供影像,並要求模型進行解釋、生成描述或回答與影像相關的問題。例如:我們可以提出與圖片內容相關的問題,要求 GPT-4 提供回答,這在醫學影像分析、圖片的物體識別等應用中非常有用。除了語

言生成能力之外，也因為 GPT-4 的多模態特性，為影像生成任務奠定了基礎，使其具有強大的影像生成能力。

GPT-4 引入了更長時間的上下文記憶功能，能夠更好地保持連貫性，理解和記住早先對話中的內容，這對於複雜對話和需要長時間追蹤的任務尤為重要。對於需要處理長文檔的任務，GPT-4 可以在不丟失上下文的情況下，更好地理解和生成內容，這在法律文檔分析、技術手冊解讀等場景中具有重要意義。

從網頁中的反應時間來看，GPT-4 有著比 GPT-3.5 更大的模型參數量，因此它的整體效能遠比 GPT-3.5 更強大。目前 GPT-4 在多項大型語言模型評估指標中名列前茅；在撰寫程式方面，雖然 GPT-4 可能無法很好地生成關於演算法的相關程式，但在網頁設計等前端任務中有著出乎意料的表現。

##  GPT-4o 與 GPT-4mini

在 GPT-4 發布後的數月內，OpenAI 推出了一款名為「GPT-4o」的語言模型，這款模型透過優化架構和計算演算法，在處理速度和效率上顯著提升，不僅如此，GPT-4o 在即時應用上表現出色，還大幅降低了大規模部署的計算成本。

GPT-4o 的最大亮點在於，它是 GPT 系列中首款支援語音功能的模型，其架構基於影像與文字的多模態模型，並新增了「語音轉文字」與「文字轉語音」的功能。與一般的語音助理不同，GPT-4o 提供了更加即時且逼真的互動體驗，例如：當我們在緊張時，可能會出現口吃或語句卡頓的情況，GPT-4o 都能模仿出這些細微的語氣與語調。此外，GPT-4o 在語音辨識上也有突破性進展，能夠識別一些稀缺的語言，如閩南語和客家話。

當我們將視訊鏡頭連接到 GPT-4o 進行處理時，它甚至能夠捕捉人類的情緒，並觀察周圍環境，這意味著我們可以透過 GPT-4o 與外界進行更自然的溝通。例如：我們可以開發一套專用的 GPT-4o 機器人，讓它運用模型的推理能力來判別使用者

的需求，從而實現真實的人機互動，這一切都使得 GPT-4o 成為更貼近人類的數位夥伴，帶來前所未有的科技體驗。

然而，這些模型由於參數量巨大，難以執行在普通電腦以外的設備上，因此語言模型的發展趨勢開始轉向如何用更小的參數量來完成更強大的功能。對於 GPT 系列而言，OpenAI 在 2024 年 7 月 18 日推出了 GPT-4o mini，這是 GPT 系列中首款參數量較小的模型，雖然目前僅支援語言功能，但在 MMLU 這一語義理解的資料上達到了 82% 的成績，而最初使用了更多參數量的 GPT-3.5 版本，僅能達到 70% 的成績。

GPT-4o 和 GPT-4o mini 的推出，象徵著語言模型技術迎來了不同方式的重大突破，不再只依靠增加模型的參數量，這一代的模型更注重於使用更多且更高品質的資料來進行訓練，並且細化每個 Token 的特徵，無論是在即時應用還是計算成本上，都取得了卓越的進步。隨著技術的不斷革新，我們正逐步邁向一個更加智慧、更加人性化的數位未來。

## 9·3 ChatGPT API 申請方式

目前我們可以透過網路免費使用 ChatGPT，但對於某些系統開發商來說，ChatGPT 還提供了 API 供他們使用。選擇使用 GPT 的 API 的原因在於，網頁版本的模型權重會隨時間變動，因此 OpenAI 提供了一些較為穩定的 API 版本供我們使用，如此我們設計完提示後，可以不斷觀察模型的回應並進行調整，使得在實際應用中模型的回應不再像網頁版本那樣不穩定。

# 開通 Azure GPT 資格

**01** 註冊帳號。

首先你需要擁有一個 Azure 帳戶，如果你是學生，可以利用學校的電子郵件註冊 Azure for Students，這時你將獲得 100 美元的免費額度。我們可以在「Azure for Students」頁面中點選「開始免費使用」按鈕，然後使用你的學校電子郵件註冊，並進行身分驗證。

◆ 圖 9.2

**02** 找到訂用帳戶 ID。

成功註冊後，請登入 Azure 儀表板，確認你的帳戶已經建立。在儀表板中搜尋「Azure for Students」，如果看到此選項，表示你的帳戶已成功建立，並獲得了學生帳戶資格，這時請記下你的訂用帳戶 ID，這個 ID 在後續的表單填寫中會用到。

◆ 圖 9.3

**03** 申請 OpenAI 服務。

接下來，我們在 Azure 儀表板中搜尋「Azure OpenAI」，點擊進入後，選擇「建立」按鈕，開始建立你的 API 通道。

◆ 圖 9.4

在建立過程中，你可能會遇到以下提示：

客戶目前可透過應用程式表單使用 Azure OpenAI 服務。選取的訂用帳戶尚未啟用服務。且沒有任何定加層配額。按此來要求存取 Azure OpenAI 服務

這表示需要透過應用程式表單來申請使用 Azure OpenAI 服務。首先，我們點擊提示連結，進入申請表單頁面來填寫表單，並填入之前記錄的訂用帳戶 ID 以及學校或公司的地址和電子郵件地址。提交表單後，你會收到一封確認郵件，通常在 24 小時內會有審核結果。

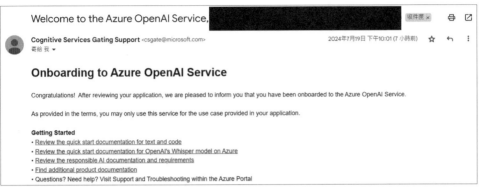

◆ 圖 9.5

**04** 部署 API 端點與金鑰。

當我們審核完畢後，就會發現這時「執行個體詳細資料」已經可以被選取了，這裡我們要注意「區域」這一個選項，該選項會根據地區的不同，而有不同的模型選用模式，這裡我們可以選擇「Sweden Central」，因為其模型的選擇是最多樣化的。

| 專案詳細資料 | |
| --- | --- |
| 訂用帳戶 * ⓘ | Azure for Students ∨ |
| 資源群組 * ⓘ | OpenAI ∨ |
| | 新建 |
| **執行個體詳細資料** | |
| 區域 ⓘ | East US ∨ |
| 名稱 * ⓘ | |
| 定價層 * ⓘ | Standard S0 ∨ |
| 檢視完整定價詳細資料 | |

◆ 圖 9.6

**05** 取得 API 端點與金鑰。

當我們完成所有設定後，儀表板上的通知欄會顯示成功部署的提示，此時我們選擇前往資源群，開始進行 GPT 模型的設定。

在資源群頁面，你需要記錄端點（Endpoint）和管理金鑰（API Key），在這個頁面中，端點和管理金鑰是我們使用 Azure API 時的重要資訊，我們後續的程式碼中會需要這些資訊來與我們所設定的模型進行溝通。

◆ 圖 9.7

**06** 部署模型。

當我們記錄完畢後，可以點選移至「Azure OpenAI studio」，開始設定模型的相關資料，這裡我們的部署名稱會在後續的程式中被重新呼叫，建議可以與選取模型的名稱命名相同，這樣就不容易搞混了，如此我們就完成撰寫程式的先前準備了。

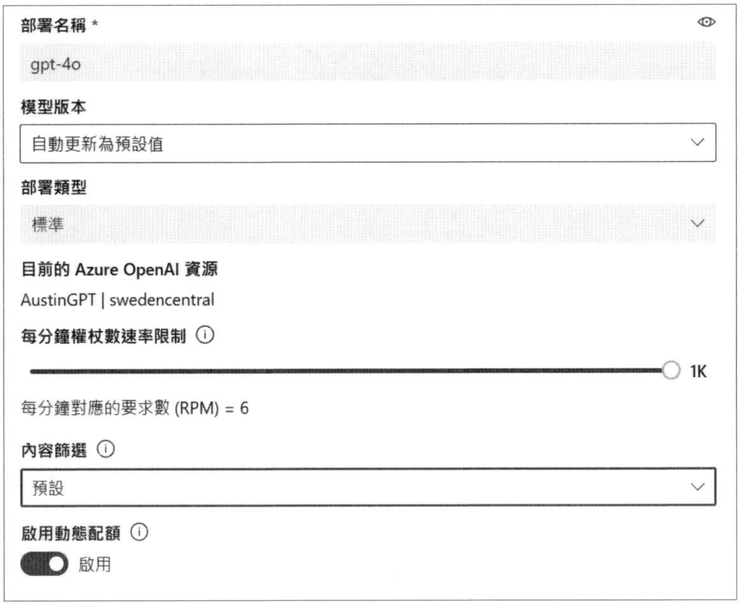

部署名稱 *　　　　　　　　　　　　　　　　　　　　　　　👁

模型版本

自動更新為預設值　　　　　　　　　　　　　　　　　　　∨

部署類型

標準　　　　　　　　　　　　　　　　　　　　　　　　　∨

目前的 Azure OpenAI 資源

AustinGPT | swedencentral

每分鐘權杖數速率限制 ⓘ

　　　　　　　　　　　　　　　　　　　　　　　　　○ 1K

每分鐘對應的要求數 (RPM) = 6

內容篩選 ⓘ

預設　　　　　　　　　　　　　　　　　　　　　　　　　∨

啟用動態配額 ⓘ

🔘 啟用

◆ 圖 9.8

# 9·4 程式實作：打造個人的 Linebot 助手

在本小節中，將使用疾管署的公開資料集來展示如何透過 ChatGPT API 結合少樣本學習方法進行應用，這種方法同樣適用於其他自選的資料集，以實現特定的功能。另外，關於如何申請和設定 Linebot 的官方指南，我會在教材中詳細說明，本章主要探討如何建立並維護屬於自己的個人 Linebot。

**01** 設定環境。

首先，我們需要建立一個名為「env.py」的檔案，這個檔案的主要功能是初始化 Linebot 和 GPT API。建立完成後，我們需要設定 Linebot 和 Azure OpenAI 的相關

配置。這裡我們可以從官方範例中找到其配置方法，並將其整合成一個 `get_env()` 函數來配置相關參數，需要注意的是 `LINE_ACCESS_TOKEN`、`LINE_CHANNEL_SECRET`、`AZURE_ENDPOINT` 和 `AZURE_API_KEY` 這些變數需要替換爲你實際申請到的值。

```python
from linebot.v3.messaging import Configuration
from linebot.v3 import WebhookHandler
from openai import AzureOpenAI
import pandas as pd

def get_env():
    # Linebot 設定
    configuration = Configuration(access_token='LINE_ACCESS_TOKEN')
    handler = WebhookHandler('LINE_CHANNEL_SECRET')

    # 初始化 Azure OpenAI 客戶端
    client = AzureOpenAI(
        azure_endpoint="AZURE_ENDPOINT",
        api_key="AZURE_APE_KEY",
        api_version="2023-03-15-preview"
    )

    return configuration, handler, client
```

在同一個檔案中，我們還可以定義一個函數用於讀取資料集，並將其加入提示格式，讓模型後續推理時，能較好理解這些問題內容。

```python
def load_csv_data(path='CDC_chatbox.csv'):
    df = pd.read_csv(path)
    questions = '### Q:\n' + df['Question'] + '\n'
    answers = '### A:\n' + df['Answer1']
```

```
few_shot = (questions + answers).values
return few_shot
```

**02** 建立相似度檢測程式。

　　接下來，我們需要建立一個名為「few_shot_selector.py」的檔案。在這個檔案中，我們將使用 SBERT（Sentence-BERT）來進行相似度分析。「相似度檢測」的概念非常簡單，我們會透過**提取** BERT 的詞嵌入層，然後經過一層平均池化層融合每一個 Token 的特徵，最後比對兩個向量之間的餘弦相似度。

```
from sentence_transformers import SentenceTransformer, util
import torch

model = SentenceTransformer('paraphrase-MiniLM-L6-v2')

def select_few_shot(few_shot, user_query, top_k=5):
    query_embedding = model.encode(user_query)
    corpus_embeddings = model.encode(few_shot)

    cos_scores = util.pytorch_cos_sim(query_embedding, corpus_embeddings)
[0]
    top_results = torch.topk(cos_scores, k=top_k)

    selected_few_shot = [few_shot[idx] for idx in top_results.indices]
    return selected_few_shot
```

　　這段程式碼的主要目的是根據使用者每次輸入的問題，找到最有可能的前幾個候選解，並將這些候選解加入模型中，使模型能透過 Few-Shot 的方式進行更有效的回答。

**03** 傳送對話給 ChatGPT API。

由於我們已經在「env.py」中建立了與 Azure 通訊的通道,因此只需要使用剛才設定好 `client`,就能夠與模型做到更好的溝通效果了,這裡我們要注意 `model` 的部分,就是我們剛才部署的模型名稱。

```python
def get_response(client, messages, model='gpt-4o'):
    response = client.chat.completions.create(
        model=model,
        messages=messages
    )
    return response.choices[0].message.content
```

**04** 導入相關函式庫,並建立初始環境。

我們現在建立一個名為「app.py」的檔案,該檔案是 Linebot 的主程式,這裡我們可以導入之前建立的各個模組,並使用 Flask 框架來建立後端服務。

```python
from flask import Flask, request, abort
from linebot.v3.exceptions import InvalidSignatureError
from linebot.v3.messaging import ApiClient, MessagingApi,
ReplyMessageRequest, TextMessage
from linebot.v3.webhooks import MessageEvent, TextMessageContent
from env import get_env, load_csv_data
from gpt_response import get_response
from few_shot_selector import select_few_shot

# 主程式位址
app = Flask(__name__)
configuration, handler, client = get_env()
# 讀取 Few-Shot 示例
few_shot_examples = load_csv_data()
```

同時，還需要加入一些用於記錄的容器資料。由於使用者可能有很多，因此我們可以使用一個字典，透過 `user_id` 區分不同人的對話內容，使我們呼叫 API 時能傳送正確的訊息。這裡我們還需要建立系統提示，而其對話也是根據字典指定的形式，其中 `role` 欄位代表該對話在系統中的角色，而 `content` 則是對話的實際內容。

```
user = {}
prompt = '接下來的問題都要使用 zh-tw 回答。\n 你是一個疾病管制署的客服人員，你需要
根據以下的一些提示來回答使用者的問題 :'
system_prompt = {"role": "system", "content": prompt}
```

**05**　接收 Linebot Webhook 請求。

　　由於我們的伺服器可能會接收到來自不同人的請求，但我們的功能只存在於 Linebot 上，**我們只能接收並處理來自 Line 平台的 Webhook 請求**，因此我們需要撰寫一個驗證方式。

　　其驗證原理是當使用者與我們的 Linebot 互動時，Line 伺服器會產生一組經過加密的 X-Line-Signature。我們的目標是根據 Linebot 的設定檔解析這個 X-Line-Signature，並在驗證資料格式正確後，將資料交由 `handler` 物件處理。

```
@app.route("/callback", methods=['POST'])
def callback():
    signature = request.headers.get('X-Line-Signature')
    body = request.get_data(as_text=True)
    try:
        handler.handle(body, signature)
    except InvalidSignatureError:
        app.logger.info("Invalid signature. Please check your channel
access token/channel secret.")
        abort(400)

    return 'OK'
```

**06** 建立 Linebot 回覆方式。

當 handler 接收資料後，我們可以對其定義一個方法來回覆使用者的內容，而在這個過程中，我們首先要取得這個使用者的 `user_id` 的值，來加入到剛才建立的字典中，並設定模型的系統指令，如此我們就能夠保存這個使用者的歷史紀錄。

```python
@handler.add(MessageEvent, message=TextMessageContent)
def handle_message(event):
    user_id = event.source.user_id
    user[user_id] = user.get(user_id, [system_prompt])
```

在 ChatGPT API 中，每一組對話都是用列表來記錄的，因此我們需要用 append 函數來加入使用者的對話，但由於這裡我們要使用 Few-Shot 的方式，因此我們需要使用剛才完成的 `select_few_shot` 函數，來幫助我們產生最合適的候選解，並且將這個候選解加入到系統指令中。

```python
    user[user_id].append({"role": "user", "content": event.message.text})

    # 選擇最相關的 5 個 Few-shot 樣本
    selected_few_shot = select_few_shot(few_shot_examples, event.message.
text)
    # 將選擇的 Few-shot 樣本加入系統提示
    few_shot_prompt = "\n".join(selected_few_shot)
    user[user_id][0]["content"] = f"{prompt}\n" + few_shot_prompt
```

這樣我們的對話中，就有了一個基礎的系統指令、Few-Shot 內容以及使用者目前的輸入資料，由於我們選擇的方式是每次使用者輸入時都重新更新系統指令的 Few-Shot 內容，因此即使進行多輪對話，也能很好地回應。

接著，我們將這些歷史對話紀錄傳入先前建立的 `get_response` 函數中，如此我們就能夠取得 ChatGPT API 的回應結果了。要注意的是，我們還需要將這個回覆加

入到我們的對話中，讓模型在下次使用時能夠考慮到這次的回覆。最後，我們將模型生成的文字使用 `reply_message_with_http_info` 回傳到 Linebot 上，這樣使用者就能透過 Linebot 與我們的模型進行溝通了。

```
with ApiClient(configuration) as api_client:
    line_bot_api = MessagingApi(api_client)
    reply_text = get_response(client, user[user_id])
    user[user_id].append({"role": " assistant ", "content": reply_text})
    line_bot_api.reply_message_with_http_info(
        ReplyMessageRequest(
            reply_token=event.reply_token,
            messages=[TextMessage(text=reply_text)]
        )
    )
```

**07** 指定埠號。

在程式的結尾，由於我們使用的是 Flask，因此需要指定一個埠號（port），讓電腦能夠監聽，這樣我們就能透過 ngrok 等方式代理我們的伺服器。

```
if __name__ == "__main__":
    app.run(port=80, debug=True)
```

**08** 比較生成結果。

首先是沒有使用 Few-Shot 的模型回覆。我們可以看到它的回覆是「卡介苗的接種對象和時機指出成人一般不會公費接種卡介苗」，但是我們的資料集指出，只要嬰幼兒的父母是台灣國民或具有健保身分，都可以免費接種卡介苗疫苗。

199

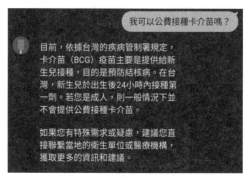

◆ 圖 9.9

　　這顯示模型生成的結果仍有較高機率出現錯誤回應，特別是在我們詢問一些條款
相關問題時，由於各國法律條款不同，模型很可能會引用其他國家的法規或條款進
行回答。

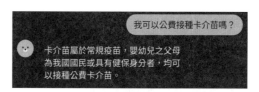

◆ 圖 9.10

　　但是我們使用 Few-Shot 技術後的結果後，可以發現模型的回應與我們的資料集
完全相符，這也進一步的證明參數量大的模型在不經過微調的情況下，透過少樣本
也能產生良好的效果。

 對於模型參數量大而資料集不足的情況，我們應該使用 Few-Shot 技術，這是
因為若對這些參數量大的模型進行微調，可能會破壞模型原有的權重，反而降
低效果。

# 9·5　本章總結

在本章中，我們瞭解了「指示學習」（Instruction Learning）如何改進 GPT-3 在生成攻擊性或隱私相關內容方面的表現，我們還從 InstructGPT 中學到如何增加指導性訊息，使模型更清楚理解任務要求。

同時，也介紹了從 InstructGPT 到 ChatGPT 的發展過程，重點說明了不同版本的特點和改進，特別是 GPT-4 引入了多模態特性，顯著提升模型的能力，使其能夠處理文字和影像內容。我們還實際呼叫了 API，利用 Few-Shot 技術，讓 ChatGPT 成為我的私人助手，即使在不經過微調的情況下，模型也能生成高品質的回答。

# 10

# 建立屬於自己的
# 大型語言模型

大型語言模型的參數量非常龐大，因此通常無法只憑一張顯示卡進行訓練，我們需要使用一些量化技術及不同的微調方式來協助訓練。在本章中，我們將介紹一個非常強大的開源模型 LLaMA，並用其幫助我們完成模型的訓練。

## 本章學習大綱

- **LLaMA介紹**：在本章中，我將會告訴你 LLaMA 對原始 Transformer 所做的改動，而這些改動也是目前大型語言模型的主流架構，因此理解 LLaMA 的設計，對於我們掌握大型語言模型的原理非常有幫助。

- **QLoRA & NEFtune**：大型語言模型的微調通常有許多方式，這裡除了介紹在微調時常用的 QLoRA 技術之外，我還會說明 NEFtune 這一個作法的使用方法。

- **微調自己的聊天機器人**：在文章的最後，我會用 LLaMA 3 告訴你如何微調一個聊天機器人（Chat 版本），並將先前提及的優化方式加入模型中，使其能夠更好地回應。

## 本章程式碼教材

URL https://reurl.cc/EjqZEg

# 10·1 LLaMA

LLaMA，全名為「Large Language Model Meta AI」，是由 Meta 開發的一個大規模語言模型，LLaMA 的推出代表 Meta 在自然語言處理領域的重要進展，並且其開源的模型甚至能用更小的參數量與 OpenAI 的 GPT-3 等其他大型語言模型競爭，接下來讓我們看看這些語言模型究竟做什麼事情。

 LLaMA 1

在 LLaMA 1 開源之前，市面上的大型語言模型基本上都被 OpenAI、微軟和 Google 等公司壟斷，而且使用這些公司的模型必須付費。雖然 LLaMA 1 只向特定的學者提供用於研究目的的模型，但由於它是最早期開源的大型語言模型，正式吹起了後續大型語言模型開源的號角。LLaMA 的模型訓練集全部來自於公開資料集，沒有客製化資料集，在設備充足的狀況下，我們甚至可以根據論文的方法重現自己的 LLaMA 模型。在下表中顯示了其模型訓練時所使用的資料集名稱與其訓練時的參數。

| Dataset | Sampling prop. | Epochs | Disk size |
|---|---|---|---|
| CommonCrawl | 67.0% | 1.10 | 3.3TB |
| C4 | 15.0% | 1.06 | 783GB |
| Github | 4.5% | 0.64 | 328GB |
| Wikipedia | 4.5% | 2.45 | 83GB |
| Books | 4.5% | 2.23 | 85GB |
| ArXiv | 2.5% | 1.06 | 92GB |
| StackExchange | 2.0% | 1.03 | 78GB |

雖然它是一款開源模型，但是其效能表現相當優異，具備 130 億參數的 LLaMA 模型「在大多數基準上」可以勝過 GPT-3（其參數量達 1750 億），而且可以在單塊 V100 GPU 上執行；而最大的 650 億參數的 LLaMA 模型可以媲美 Google 的 Chinchilla-70B 和 PaLM-540B。

和 GPT 系列一樣，LLaMA 模型也是 Decoder-only 架構，但 LLaMA 模型能以較少的參數實現更高的效能，主要是因為在模型結構上做了一些改進。為了提高訓練穩定性，LLaMA 使用 RMSNorm 歸一化函數，RMSNorm 只計算特徵值的均方根（RMS），不需要計算均值，這使得計算速度比 LayerNorm 更快，而且 **RMSNorm 不依賴於整體批量的統計特性，使得訓練過程中的梯度更穩定**。

$$y = \frac{x}{\sqrt{Rms[x] + \varepsilon}} + \gamma + \beta$$

公式 10.1

在原始的 Transformer 的 feed-forward 層中，通常會使用 ReLU 或 GELU 兩個激勵函數進行處理，但是 ReLU 在 0 以下會有梯度消失的問題，GELU 則具有平滑性和可微性，能夠更好地處理負數輸入，而 SwiGLU 結合了門控機制和平滑激勵，能夠提供更平滑且可微的激勵函數，有助於模型更穩定地訓練，因此在 LLaMA 的架構中，則選用了 SwiGLU 作為激勵函數，如圖 10.1 所示。

最重要的改動是 LLaMA 採用了「旋轉位置編碼」（Rotary Embeddings），這種方法採用了**數學中的極座標系統來表示位置資訊**，將位置資訊編碼為複數，其中複數的長度表示位置的距離，而複數的角度則表示位置在複數平面上的方向，因此這種表達方式的特性能夠被多頭注意力機制（Multi-Head Attention）更好地計算，使其生成的向量具有更高的結構性，如圖 10.2 所示。

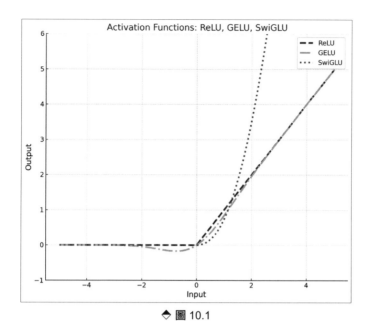

◆ 圖 10.1

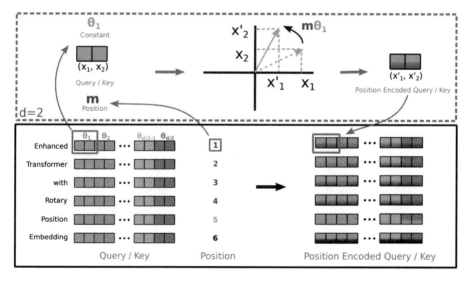

◆ 圖 10.2

# LLaMA 2

在 2023 年 7 月，Meta 發表了 LLaMA 2，這個版本不僅增加了 40% 預訓練的資料量，還增加了輸入的長度，雖然架構上大致沿用了第一版的設計，但從這個版本開始針對多頭注意力機制進行了改善。其原因是多頭注意力機制需要爲每個 Head 計算 Q、K 和 V 之間的關係，而每個 Head 都獨立計算其注意力分數，然後拼接在一起進行線性變換，這導致模型在運算時需要花費大量的記憶體空間儲存這些資訊，並且需要經過多次運算。

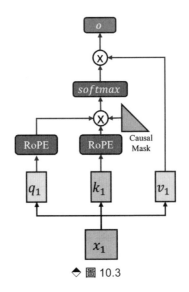

◆ 圖 10.3

因此，LLaMA 2 使用了 Global Query Attention 架構，使其能夠針對 Q 進行全局注意力機制，其核心理念是用一組全局共享的 Q 與所有的 K 和 V 進行互動，而不是爲每個查詢計算注意力分數，這樣可以減少計算量並提高效率。由於共享查詢，參數量可以顯著減少，這在一定程度上降低了模型的儲存和計算成本。

| Benchmark (Higher is better) | MPT (7B) | Falcon (7B) | Llama-2 (7B) | Llama-2 (13B) | MPT (30B) | Falcon (40B) | Llama-1 (65B) | Llama-2 (70B) |
|---|---|---|---|---|---|---|---|---|
| MMLU | 26.8 | 26.2 | 45.3 | 54.8 | 46.9 | 55.4 | 63.4 | 68.9 |
| TriviaQA | 59.6 | 56.8 | 68.9 | 77.2 | 71.3 | 78.6 | 84.5 | 85.0 |
| Natural Question | 17.8 | 18.1 | 22.7 | 28.0 | 23.0 | 29.5 | 31.0 | 33.0 |
| GSMBK | 6.8 | 6.8 | 14.6 | 28.7 | 15.2 | 19.6 | 50.9 | 56.8 |
| HumanEval | 18.3 | N/A | 12.8 | 18.3 | 25.0 | N/A | 23.7 | 29.9 |
| AGIEval (English tasks only) | 23.5 | 21.2 | 29.3 | 39.1 | 33.8 | 37.0 | 47.6 | 54.2 |
| BoolQ | 75.0 | 67.5 | 77.4 | 81.7 | 79.0 | 83.1 | 85.3 | 85.0 |
| HellaSwag | 76.4 | 74.1 | 77.2 | 80.7 | 79.9 | 83.6 | 84.2 | 85.3 |
| OpenBookQA | 51.4 | 51.6 | 58.6 | 57.0 | 52.0 | 56.6 | 60.2 | 60.2 |
| QuAC | 37.7 | 18.8 | 39.7 | 44.8 | 41.1 | 43.3 | 39.8 | 49.3 |
| Winogrande | 68.3 | 66.3 | 69.2 | 72.8 | 71.0 | 76.9 | 77.0 | 80.2 |

　　其模型的效能除了運算速度更快之外，效能指標上也有顯著的提升，尤其是在處理長文字（GMS8K）、程式碼編寫（HumanEval）和語意理解（MMLU）方面，都有一定程度的進步。而從這一版本的 LLaMA 2 開始，也允許我們將此模型用於商業用途，使得我們能更輕鬆地使用這些語言模型。

# LLaMA 3

　　Llama 3 在 2024 年 4 月釋出後引起了不小的轟動，根據官方釋出的評估結果顯示，70B 模型的表現甚至可以和幾個大廠站在同一水準，從比較結果來看，**其效能指標與 LLaMA 2 相比，更是一舉提升超過 20%，且使用的模型參數量僅僅只有 70B。**

| | Meta Llama 3 8B | Gemma 7B – It (Measured) | Mistral 7B Instruct (Measured) | Meta Llama 3 70B | Gemini Pro 1.5 (Published) | Claude 3 Sonnet (Published) |
|---|---|---|---|---|---|---|
| MMLU (5-shot) | 68.4 | 53.3 | 58.4 | 82.0 | 81.9 | 79.0 |
| GPQA (0-shot) | 34.2 | 21.4 | 26.3 | 39.5 | 41.5 (CoT) | 38.5 (CoT) |
| HumanEval (0-shot) | 62.2 | 30.5 | 36.6 | 81.7 | 71.9 | 73.0 |
| GSM-8K (8-shot, CoT) | 79.6 | 30.6 | 39.9 | 93.0 | 91.7 (11-shot) | 92.3 (0-shot) |
| MATH (4-shot, CoT) | 30.0 | 12.2 | 11.0 | 50.4 | 58.5 (Minerva prompt) | 40.5 |

不過，LLaMA 3 雖然開源了，但目前並未發表任何的學術論文，且在公開的版本中，也只有 8B 與 70B 的模型供我們使用。在不久的將來，Meta 宣布會公開一個擁有 400B 參數量的語言模型，這一點讓我們期待未來更多強大且有力的大型語言模型產品的出現。

# 10·2 QLorA

語言模型的規模現在越來越大，參數量從數百萬到數十億，甚至上千億，這些超大規模模型在諸多自然語言處理任務中展現了強大的能力，但也帶來了巨大的計算和儲存挑戰。例如：GPT-3 擁有 1750 億參數，訓練和部署這樣一個模型，需要高效能計算集群和巨大的能量消耗，這對於大多數研究機構和企業來說，是難以承受的，因此開發能夠在有限計算資源下，高效微調大型語言模型的方法變得尤為重

要。QLoRA 就是在這樣的背景下應運而生的一種創新方法，**其核心理念是透過量化和低秩適應技術，顯著減少模型參數的數量和訓練過程中的計算需求，同時保持模型的效能。**

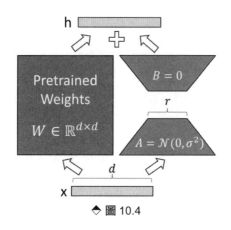

◆ 圖 10.4

#  量化（Quantization）

「量化」（Quantization）是將**高精度浮點資料轉換為低精度數值格式的過程**，主要分為「固定點量化」（Fixed-Point Quantization）與「動態範圍量化」（Dynamic Range Quantization）這兩種方式，這兩種方式都是透過縮放資料型態，使其能在損失部分精度的模型下執行參數量較大的模型，雖然這會影響到模型的最終效能，但是影響並不大，使得量化成為一種實用且有效的方法，特別適合部署在資源受限的設備上的模型。

> **QUICK TIPS** 量化的概念對於人工智慧來說，稍微有點超出主題，因此我將量化的相關知識補充在教材中，有興趣的人可以稍微翻閱一些相關內容，即使不理解，也不會對後續造成太多影響，因為其主要是與電腦設備的儲存方式有關，並非 AI 運算的核心。

# 低秩適應技術（LoRA）

當我們要微調模型時，需要考慮如何防止精度損失的問題，原因是若我們一次調整精度損失的模型，可能會出現「一步錯，步步錯」的情況，導致生成的文字無法找到 EOS Token，因此在微調模型時，通常會凍結所有模型的權重，並加入一個名為「LoRA」（Low-Rank Adaptation）的適配器來調整權重，以減少精度損失。

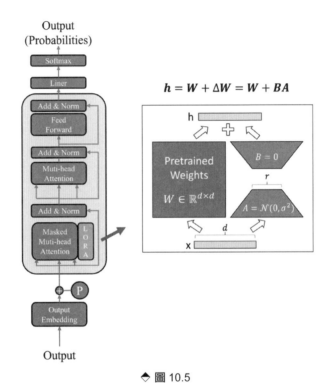

◆ 圖 10.5

該方式主要思想是在微調大型語言模型時，透過引入低秩矩陣近似的方法來減少計算需求。具體來說，假設原始模型的權重矩陣為 W，在微調過程中，我們需要更新這個權重矩陣，即計算出 △W。傳統的方法是直接計算和儲存完整的 △W，但這樣做需要大量的計算和儲存資源。

$$W = W + \Delta W$$

公式 10.2

　　LoRA 的創新之處在於利用低秩矩陣近似的方法，將 △W 表示爲兩個較小矩陣 A 和 B 的乘積，即 △W = A × B。由於 A 和 B 的秩遠小於 W 的秩，這種分解方法大大減少了計算和儲存所需的參數數量，此外我們還可以指定這些矩陣的大小。例如：當 r = 2 時，矩陣 A 和 B 各自會變成兩個列向量和欄向量；當 r = 3 時，A 和 B 就會變成三個列向量和欄向量，以此類推。

$$\Delta W = BA$$

公式 10.3

　　此外，透過引入特定層的權重矩陣 B，可以在前向傳播時只需計算 BA，從而進一步減少計算複雜度，同時透過凍結原始神經網路的方法，讓模型在反向傳播時的速度更快。在訓練時，我們通常會針對 Transformer 的 q、k、v 以及其輸出的權重 o 進行微調，因爲這些權重在模型中是最重要的。以下表格顯示了在 WikiSQL 和 MultiNLI 資料集中測試中不同 r 與不同 Transformer Attention 層所造成的影響。研究結果證明，使用這種方式所帶來的效果與原始微調非常相似，基本上無任何副作用。

| | Weight Type | r = 1 | r = 2 | r = 4 | r = 8 | r = 64 |
|---|---|---|---|---|---|---|
| WikiSQL(±0.5%) | $W_q$ | 68.8 | 69.6 | 70.5 | 70.4 | 70.0 |
| | $W_q, W_v$ | 73.4 | 73.3 | 73.7 | 73.8 | 73.5 |
| | $W_q, W_K, W_V, W_O$ | 74.1 | 73.7 | 74.0 | 74.0 | 73.9 |
| MultiNLI(±0.1%) | $W_q$ | 90.7 | 90.9 | 91.1 | 90.7 | 90.7 |
| | $W_q, W_v$ | 91.3 | 91.4 | 91.3 | 91.6 | 91.4 |
| | $W_q, W_K, W_V, W_O$ | 91.2 | 91.7 | 91.7 | 91.5 | 91.4 |

# 10·3 NEFtune

NEFTune，全名為「Noisy Embeddings Improve Instruction Finetuning」（噪聲嵌入提升指令微調），是一種用於優化指令微調的方法，這種方法主要透過**在訓練過程中引入噪聲嵌入，來提高模型在處理不同指令時的穩健性和效能**。具體來說，就是在嵌入層增加一定量的噪聲，這些噪聲可以是高斯噪聲或者其他類型的隨機噪聲，透過這種方式，模型在訓練過程中需要學習在有噪聲的情況下，仍能準確理解和執行指令。

這種正規化方式主要是**幫助語言模型模擬現實世界中資料的不確定性和變化性，迫使模型在訓練過程中學會應對噪聲和隨機變動**，使模型在面對真實應用場景中的不規範輸入或噪聲資料時，仍能保持較高的準確性和穩健性，這就像訓練一位飛行員需要學習如何在各種天氣條件下駕駛飛機，使其在真實飛行中遇到惡劣天氣時，也能安全飛行。

同時，在神經網路中的每一層也通常需要不同的學習率，例如：在詞嵌入層中，可能需要較低的學習率，否則很容易過度學習到目前資料的特徵。而在訓練過程中加入噪聲，可以防止模型過度擬合訓練資料，促進模型學習到更普遍的特徵和模式；這種方法與資料增強技術類似，都是透過引入變異，來提高模型對新情況的適應能力。

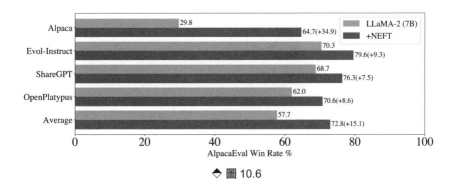

◆ 圖 10.6

在加入噪聲的嵌入層上進行指令微調訓練，使得模型能夠在更複雜和多變的環境下仍能保持高效能，我們可以看到在某些資料集上加入 NEFTune，甚至使其效果達到了將近兩倍的進步。

# 10·4 程式實作：用 LLaMA 3 訓練聊天機器人

在這次的實作中，我將會使用 Gossiping（**URL** https://github.com/zake7749/Gossiping-Chinese-Corpus）這個資料集來訓練一個聊天機器人。該資料集基於 PTT 的問答資料集，而本次實作的重點是如何拆解模型，進行量化、參數高效微調（PEFT）和應用 NEFTune，目的是優化模型的效能，以適應特定的任務。

**01** 讀取 Tokenizer，並理解 Chat 格式。

這次我們將使用「meta-llama/Meta-Llama-3-8B-Instruct」模型進行訓練，該模型主要是針對聊天進行優化，而其作法與 GPT-2 時相同，我們會先讀取其 Tokenizer，並設定 pad_token。

```
# 讀取 Tokenizer
from transformers import AutoTokenizer

tokenizer = AutoTokenizer.from_pretrained(
    'meta-llama/Meta-Llama-3-8B-Instruct',
    trust_remote_code=True,
    add_special_tokens=False
)
tokenizer.pad_token = tokenizer.eos_token
```

　　由於 Chat 版本的大型語言模型通常都有自己專屬的輸入資料格式，因此我們必須轉換資料格式，以符合相應的版本，這裡 Tokenizer 中已經幫我們定義了一個 `apply_chat_template` 方法，來幫助我們加入這些用於識別的特殊 Token。

```
system_format = {"role": "system", "content": '這是系統指令'}
question_format = {"role": "user", "content": '這是用戶的輸入'}
answer_format = {"role": "assistant", "content": '這是模型回覆'}

chat_format = tokenizer.apply_chat_template([system_format, question_
format, answer_format])
print(tokenizer.decode(chat_format))
# ----------------- 輸出 -----------------
<|begin_of_text|><|start_header_id|>system<|end_header_id|>

這是系統指令<|eot_id|><|start_header_id|>user<|end_header_id|>

這是用戶的輸入<|eot_id|><|start_header_id|>assistant<|end_header_id|>

這是模型回覆<|eot_id|>
```

**02** 設定量化方式。

　在我們讀取模型之前，需要透過量化來降低模型權重的精度，這樣可以減少記憶體使用，並有可能提高推理速度。這裡我們將模型配置爲以 4 位精度載入（`load_in_4bit`），並將量化類型（`bnb_4bit_quant_type`）設定爲「**nf4**」，開啓雙量化（`bnb_4bit_use_double_quant`），而選擇的計算方式則是 **bfloat16** 進行計算，這種計算方式在一些高階顯示卡上，速度會比原始的 **float16** 快很多。

```
from transformers import BitsAndBytesConfig
import torch

quantization_params = {
        'load_in_4bit': True,
        'bnb_4bit_quant_type': "nf4",
        'bnb_4bit_use_double_quant': True,
        'bnb_4bit_compute_dtype': torch.bfloat16
    }
bnb_config = BitsAndBytesConfig(**quantization_params)
```

 部分顯示卡不支援 bfloat16 運算，因此若程式無法執行時，可以將其替換成 float16，雖然速度會慢一些，但足以執行模型。

**03** 讀取模型，並載入量化設定。

　我們同樣使用 `AutoModelForCausalLM` 類別載入模型，同時將其運算方式設定爲「**bfloat16**」，這裡我們要特別注意，若量化設定的運算方式與模型不一致時，將會產生 **nan** 的損失值。

　　這次我們並不是使用 to(device) 的方式來將模型載入到 GPU 中，而是使用 Accelerator().local_process_index 來自動調整模型應該載入到哪張 GPU，以確保模型在適當的設備上執行，從而有效利用現有的硬體。

```
from accelerate import Accelerator
from transformers import AutoModelForCausalLM

device_map = {"": Accelerator().local_process_index}
model = AutoModelForCausalLM.from_pretrained(
        'meta-llama/Meta-Llama-3-8B-Instruct',
        quantization_config=bnb_config,
        torch_dtype=torch.bfloat16,
        device_map=device_map,
        use_cache=False,
    )
print(model)
```

**04** 載入 LoRA 適配器。

　　這時我們使用 print(model) 後，可以看到模型定義了 Transformer 中的 q_proj、k_proj、v_proj 和 o_proj 這四個參數，我們需要做的事情是微調這些比較重要的神經網路層，並凍結其他被量化後的神經網路參數，以減少因調整過多而造成的精度損失。

```
from peft import LoraConfig, get_peft_model, prepare_model_for_kbit_training

peft_params = {
        'r': 32,
        'target_modules': ["q_proj", "k_proj", "v_proj", "o_proj"],
        'lora_dropout': 0.1,
        'task_type': "CAUSAL_LM",
    }
```

```
peft_config = LoraConfig(**peft_params)
model = prepare_model_for_kbit_training(model, use_gradient_checkpointing=
True) # QLora
model = get_peft_model(model, peft_config)
print(model)
```

**05** Hook 模型的詞嵌入層。

　　由於 NEFTune 這項技術是要在詞嵌入層中加入雜訊，因此我們需要 Hook 模型的
詞嵌入層。我們需要先使用 unwrap_model 的方式來找出模型詞嵌入層的位置，接
著透過 register_forward_hook 的方式，將該層的變數、其輸入的資料與其輸入
的地方進行修改。

```
from transformers.modeling_utils import unwrap_model

def activate_neftune(model, neftune_noise_alpha = 5):
        unwrapped_model = unwrap_model(model)
        embeddings = unwrapped_model.base_model.model.get_input_embeddings()
        embeddings.neftune_noise_alpha = neftune_noise_alpha
        # hook embedding layer
        hook_handle = embeddings.register_forward_hook(neftune_post_
forward_hook)

        return model
def neftune_post_forward_hook(module, input, output):
    if module.training:
        dims = torch.tensor(output.size(1) * output.size(2))
        mag_norm = module.neftune_noise_alpha / torch.sqrt(dims)
        output = output + torch.zeros_like(output).uniform_(-mag_norm,
mag_norm)
    return output
model = activate_neftune(model)
```

　　這裡我們要注意，由於 NEFTune 是在訓練時加入雜訊，因此我們在 Hook 模型後的函數，需要加入 `if module.training` 這一個判斷，如此我們在模型切換成評估模式時，就能夠自動地移除加入雜訊的功能。

**06** 讀取資料集，並轉換格式。

　　而在使用模型之前，我們需要將文字資料轉換成一個包有對話紀錄的列表資料，因此我們需要先撰寫一個函數轉換資料型態，同時在這時加入我們的系統指令，以協助模型能夠更好知道目標。

```python
import pandas as pd

def transform_format(questions, answers, system=' 你是一個 zh-tw 版本的聊天機器人 '):
    context = []
    for q, a in zip(questions, answers):
        system_format = {"role": "system", "content": system}
        question_format = {"role": "user", "content": q}
        answer_format = {"role": "assistant", "content": a}
        context.append([system_format, question_format, answer_format])
    return context

# 讀取 CSV 檔案
df = pd.read_csv('Gossiping-QA-Dataset-2_0.csv')

# 提取問題和答案的列表
questions = df['question'].tolist()[:5000]
answers = df['answer'].tolist()[:5000]

# 轉換格式
formatted_context = transform_format(questions, answers)
```

**07** 建立 Pytroch DataLoader。

在建立 DataLoader 時,則與先前相同,只不過在轉換的方式上,我們變成了呼叫 `apply_chat_template`,這樣才能夠轉換成正確的 Chat 模型輸入格式。

```python
import torch
from torch.utils.data import Dataset, DataLoader

# 定義自定義 Dataset
class PTTDataset(Dataset):
    def __init__(self, formatted_context, tokenizer):
        self.formatted_context = formatted_context
        self.tokenizer = tokenizer

    def __getitem__(self, index):
        return self.formatted_context[index]

    def __len__(self):
        return len(self.formatted_context)

    def collate_fn(self, batch):
        formatted_contexts = self.tokenizer.apply_chat_template(batch,
padding=True, return_dict=True, max_length=8192, return_tensors='pt',
truncation=True)
        attention_mask = formatted_contexts['attention_mask']
        labels = formatted_contexts['input_ids'].clone()
        labels[attention_mask == 0] = -100
        formatted_contexts['labels'] = labels
        return formatted_contexts

# 建立資料集
trainset = PTTDataset(formatted_context, tokenizer)
validset = PTTDataset(formatted_context, tokenizer)
```

```
# 建立 DataLoader
train_loader = DataLoader(trainset, batch_size=4, shuffle=True, collate_
fn=trainset.collate_fn)
valid_loader = DataLoader(validset, batch_size=4, shuffle=True, collate_
fn=validset.collate_fn)
```

**08** 訓練模型。

　在訓練大型語言模型時，學習率通常不會設定太高，原因是其網路深度非常深，因此把學習率提高，很容易導致每層之間的訊息不容易傳遞，因此這裡我們通常會設定為「5e-5」這一個學習率，來讓模型能夠慢慢學習。

```
import torch.optim as optim
from transformers import get_cosine_with_hard_restarts_schedule_with_warmup

device = torch.device('cuda' if torch.cuda.is_available() else 'cpu')
optimizer = optim.AdamW(model.parameters(), lr=5e-5)
scheduler = get_cosine_with_hard_restarts_schedule_with_warmup(
    optimizer,
    num_warmup_steps=len(train_loader) * 0.2,
    num_training_steps=len(train_loader) * 10,
    num_cycles=1,
)

from trainer import Trainer
trainer = Trainer(
    epochs=10,
    train_loader=train_loader,
    valid_loader=valid_loader,
    model=model,
    optimizer=[optimizer],
    scheduler=[scheduler],
```

```
    early_stopping=3,
    device=device
)
trainer.train()
# ----------------- 輸出 -----------------
Train Epoch 9: 100%|███████████████| 1250/1250 [12:01<00:00,  1.73it/s,
loss=1.960]
Valid Epoch 9: 100%|███████████████| 1250/1250 [04:07<00:00,  5.04it/s,
loss=2.114]
Saving Model With Loss 1.80411
Train Loss: 1.83201| Valid Loss: 1.80411| Best Loss: 1.80411
```

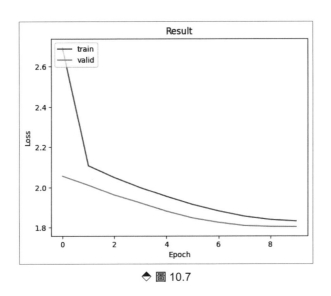

◆ 圖 10.7

　　我們可以發現，在第一個週期時，驗證損失遠低於訓練損失。這一現象是因為在驗證過程中，模型已經接受過訓練，所以當模型本身夠強大時，驗證損失與訓練損失之間會有顯著差距，而我們也能根據這個曲線，體現出大型語言模型與我們先前訓練的模型之間的差異。

**09** 實際使用模型。

最後，讓我們實際問一些問題來看看模型會怎麼回應。由於這是聊天版本，因此模型生成的回應會有不同的結果是很正常的事情，這是因為在聊天版本中，模型不會總是選擇機率最高的回應，而是透過不同的隨機性設定來讓回覆更具多樣性。

```
model.load_state_dict(torch.load('model.ckpt'))
model.eval()
model.generation_config.pad_token_id = tokenizer.eos_token_id
messages = [
    {"role": "system", "content": ' 你是一個 zh-tw 版本的聊天機器人 '},
    {"role": "user", "content": 'PTT 是什麼啊 ?'},
]
input_data = tokenizer.apply_chat_template(messages, padding=True,
return_dict=True, max_length=8192, return_tensors='pt', truncation=True).
to(device)
ids = model.generate(**input_data)
print(tokenizer.decode(ids[0]))
# ------------------ 輸出 ------------------
<|begin_of_text|><|start_header_id|>system<|end_header_id|>

你是一個 zh-tw 版本的聊天機器人 <|eot_id|><|start_header_id|>user<|end_header_
id|>

PTT 是什麼啊 ?<|eot_id|><|start_header_id|>assistant<|end_header_id|>

PTT 是台灣最大的網路論壇 <|eot_id|>
```

# 10·5　本章總結

在本章中，主要介紹了該如何調整和訓練屬於你自己的大型語言模型，並透過介紹 LLaMA 這個強大的開源模型，剖析其對原始 Transformer 的改進，幫助你理解大型語言模型的核心設計原理。

接著詳細介紹了 QLoRA 和 NEFtune 這兩種關鍵的微調技術，使其能夠在單一張顯示卡上進行訓練，有效減少模型參數數量和計算需求，同時保持效能。內容還說明了如何在訓練中引入 NEFtune 的噪聲嵌入，顯著提升模型在處理各類指令時的穩健性和準確性。

最後我們使用 LLaMA 3 進行聊天機器人的微調訓練，應用所學技術，並觀察理論在實踐中的效果。透過本章的學習，你將能夠獨立完成大型語言模型的訓練和優化，提升自然語言處理領域的實力，為未來的研究和應用打下堅實基礎。

MEMO

博碩文化

博碩文化